内容简介

本教材按照园林工程造价岗位的实际工作要求确定教材大纲；依据最新园林造价行业标准编制教材内容。全书以园林工程项目投标过程为主线，结合具体工程及工作过程，选取园林工程预算书编制、园林工程投标、园林工程竣工资料编制三大项目作为主要内容。其中园林工程预算书编制项目中设置了工程项目的划分、园林工程定额计价编制、园林工程清单计价编制三个子项目，每个项目及子项目下又分设工作任务，通过项目任务指引学生自主完成整个项目的编制工作。

本教材为高等职业院校园林类专业教学用书，可作为园林技术、园林工程技术、工程监理（园林方向）等专业的教材，也可供其他相关专业的工程造价工作者参考使用。

高等职业院校“十三五”校企合作开发系列教材

园林工程招投标与预决算

YUANLIN GONGCHENG
ZHAOTOUBIAO YU YUJUESUAN

杨伟红 主编

中国农业出版社
北 京

图书在版编目（CIP）数据

园林工程招投标与预决算 / 杨伟红主编．—北京：中国农业出版社，2016.10

高等职业院校“十三五”校企合作开发系列教材

ISBN 978－7－109－21989－2

Ⅰ.①园… Ⅱ.①杨… Ⅲ.①园林-工程施工-招标-高等职业教育-教材②园林-工程施工-投标-高等职业教育-教材③园林-工程施工-建筑经济定额-高等职业教育-教材 Ⅳ.①TU986.3

中国版本图书馆 CIP 数据核字（2016）第 187053 号

中国农业出版社出版

（北京市朝阳区麦子店街 18 号楼）

（邮政编码 100125）

策划编辑 王 斌

文字编辑 李 旻

北京通州皇家印刷厂印刷　　新华书店北京发行所发行

2016 年 10 月第 1 版　　2016 年 10 月北京第 1 次印刷

开本：787mm×1092mm 1/16　　印张：11.5

字数：268 千字

定价：28.00 元

编写人员

主　编　杨伟红（山西林业职业技术学院）

参　编　（以姓名笔画为序）

任　达（太原市艺园园林绿化工程有限公司）

张荣芳（太原市艺园园林绿化工程有限公司）

陈晋龙（时光设计工作室）

序

PREFACE

我国经济社会的不断发展和生态文明建设的持续推进，给林业教育，尤其是林业职业教育提出了新的、更高的要求。不断明晰林业职业教育的任务，切实采取措施，提升自身的教育质量和水平，成为每一所林业职业院校的历史担当。

山西林业职业技术学院作为山西省唯一的林业类高等职业院校，肩负着培养高素质林业技术技能人才的重任。办学64年以来，学院全面贯彻党的教育方针，坚持以立德树人为根本，以服务发展为宗旨，以促进就业为导向，通过“强内重外”建设生产性实训基地，积极探索产教融合、校企协同育人的办学道路，实施“工学结合”人才培养模式，以“项目导向、任务驱动”作为教学模式改革的着眼点，构建了以培养专业技术应用能力为主线的人才培养方案，使学校培养目标与社会行业需求对接，增强了高素质技术技能人才培养的针对性和适应性，凸显了鲜明的办学特色。

在教材建设方面，学院大力开发校企合作教材，在校企双方全方位深度合作的基础上，学院专业教师和企业技术人员共同修订人才培养方案、制定课程标准，共同确定教材开发计划，进行教材内容的选定和编写，并对教材进行评价和完善。这种校企共同开发的教材在适应职业岗位变化、提高学生职业能力方面都有着重要的作用。

本次出版的高等职业院校“十三五”校企合作开发系列教材均是园林工程、园艺技术专业的核心课程教材。其主要特点：一是教材与职业岗位需求实现及时有效的对接，实用性更强。二是教材兼顾高职院校日常教学和企业员工培训两方面的需求，使用面更广。三是教材采用“项目导向、任务驱动”的编写体例，更有利于高职专业教学的实施。四是教材项目、任务由教师和企业技术人员共同设置，更有利于学生职业能力的培养。

本系列教材的出版，将会对林业高等职业教育教学质量的提升产生积极的作用。当然，限于编者水平，本系列教材的缺点和不足在所难免，恳请批评指正。

编委会

2016年6月

前言

FOREWORD

《园林工程招投标与预决算》是高职院校园林类专业的主干专业课程，这门课程的实践性、地域性和时间性极强，对培养学生的专业技能具有举足轻重的作用。为实现山西省园林专业学生与市场需求的零距离对接，《园林工程招投标与预决算》编写团队在山西林业职业技术学院教务处的组织下，按照园林工程投标任务构建教材体系编写了本教材。

本教材参照《园林工程招投标与预决算》课程标准和涵盖的工作任务要求，以园林工程投标项目为载体，根据实际工作岗位的工作任务要求确定教材内容，分别选取园林工程预算书编制、园林工程投标、园林工程竣工资料编制三大工作项目作为教材主要内容。

本教材在编写过程中，突出"工学结合"的教学指导思想，根据《建设工程工程量清单计价规范》(GB 50500—2013）的要求，依据《2011 山西省建设工程计价依据》，按照工程造价岗位的实际工作需要，对学生的学习过程提出具体要求。为使学生上岗后实现零磨合，教材以工程项目为载体，以实训任务为驱动，所选用的项目任务、定额、设计文件、规范以及实施步骤和方法都与实际工作相一致。

本教材通过各个项目指引的方式引导学生自主完成整个项目的编制工作。知识准备突出专业技能所需要的知识结构，并与实训任务配合；任务实施采用任务驱动与案例分析结合的方式，培养学生的实践能力；巩固训练项目结合实际案例设置相应训练项目，强化学生灵活处理各种工程实际情况的能力；拓展知识强化职业资格培训内容，拓宽学生知识面；评价标准针对训练项目提出强制性要求，提高学生自学能力。

本教材由山西林业职业技术学院杨伟红全面负责，确定本书的编写提纲、编写思路和统稿工作，山西蓝天园林绿化工程有限公司、山西省太谷县绿美园林绿化工程有限公司、太原市艺园园林绿化工程有限公司、时光设计工作室等企业提供案例素材，北京广联达软件公司提供软件技术支撑，时光设计工作室陈晋龙绘制部分园林图，太原市艺园园林绿化工程有限公司张荣芳、任达进行部分素材整理工作。本教材在编写过程中得到了山西林业职业技术学院各级领导的大力支持，同时编者也参考了有关资料和著作，在此谨向各位领导和相关作者表示衷心的感谢！由于时间仓促和编者水平所限，书中难免有不妥之处，敬请各位同仁和读者批评指正。

编　者

2016 年 1 月

目　录

课程导入

园林工程招投标与预决算项目导入

招标与投标是一种国际应用的、有组织的市场交易行为，是贸易中的一种工程、货物或服务的买卖方式。招投标活动源于英国，我国于20世纪80年代初引入，经过20多年的发展和推行，招投标活动在我国各个领域得到广泛应用，但在园林行业的发展较为落后。近几年，随着我国城市化进程的逐步推进，园林绿化工程造价必将成为造价行业和园林行业发展的大趋势。

>>> 知识准备

园林工程招标是指招标人（建设单位、业主）将其拟发包的内容、要求等对外公布，招引和邀请多家单位参与承包工程建设任务的竞争，以便择优选择承包单位的活动。

园林工程投标是指投标人（承包商）愿意按照招标人规定的条件承包工程，编制投标书，提出工程造价、工期、施工方案和保证工程质量的措施，在规定的期限内向招标人投函，请求承包工程建设任务的活动。

园林工程预决算是指在工程建设过程中，根据不同设计阶段的设计文件的具体内容和有关定额、指标和取费标准，预先计算和确定建设项目的全部工程费用的技术经济文件。

>>> 任务实施

一、团队建设

教材以园林施工企业承接园林工程项目的工作过程为导向，以园林工程投标项目为载体，创设三个学习情境，以项目式教学方式完成本课程学习内容。教材在教学实施中采用团队形式，模拟园林施工企业从收集招标信息到最终竣工决算的完整过程。在教学中，学生主要担当投标人角色，班级根据投标的流程进行团队组建，以投标人职责进行岗位划分；在招投标阶段，机动安排招标、评标人员。

二、招标公告学习

园林企业的发展需要不断地承接业务，而园林工程招投标是建设单位发包建设项目、承包商承接业务的主要途径。因此，园林企业的业务来源主要是建设单位发布的招标信息（招标公告）。一名造价初学者必须首先学会收集招标信息，并能理解信息的主要内容。

以下是滨江花园住宅小区绿化工程招标公告，本教材将以此公告为主线进行编写。

知识链接

滨江花园住宅小区绿化工程招标公告

招标编号：2013Aa808

1. 招标条件

本招标项目“滨江花园住宅小区绿化工程”已由相关部门批准建设，招标人为太原市环投天丽生态发展股份有限公司，建设资金来自企业自筹。项目已具备招标条件，现对该项目的施工进行公开招标。

2. 项目概况与招标范围

工程地点：山西省太原市××××

招标范围：本工程施工图纸范围内的全部园林绿化施工

承包方式：包工包料

质量要求：合格

计划工期：三年（中标后依据招标人整体规划安排进行施工）

3. 投标人资格要求

3.1 本次招标要求投标人须具备城市园林绿化工程专业承包二级及以上资质或营林绿化工程二级及以上资质，有效的营业执照，并在人员、设备、资金等方面具有相应的施工能力。其中，投标人拟派的项目经理须具备二级及以上注册建造师执业资格，具备有效的安全生产考核证书，且未担任其他在施建设工程项目的项目经理。

3.2 本次招标不接受联合体投标。

4. 投标报名

凡有意参加投标者，请于2013年7月26日至2013年8月1日（法定公休日、法定节假日除外），每日8时至11时、15时至17时（北京时间），在山西大明工程招标代理有限公司（太原市菜园街2号）报名。

报名时须携带：企业营业执照（副本）、资质证书（副本）、规费证、安全生产许可证（以上四证均需在有效期内），项目经理注册证及安全生产考核证的相关资料。以上证件须提供原件及加盖公章的复印件壹份。

5. 招标文件的获取

5.1 凡通过上述方式报名者，请于2013年7月26日至2013年8月1日（法定公休日、法定节假日除外），每日8时至11时、15时至17时（北京时间），在太原市菜园街2号518室持单位介绍信购买招标文件。

5.2 招标文件每套售价1 000元，售后不退。图纸押金300元，在退还图纸时退还（不计利息）。

6. 投标文件的递交

6.1 投标文件递交的截止时间另行通知，递交地点为环投天丽生态发展股份有限公司二楼会议室。

6.2 逾期送达的或者未送达指定地点的投标文件，招标人不予受理。

7. 发布公告的媒介

本次招标公告在山西招投标网发布。

8. 联系方式

招标人：太原市××××股份有限公司

地　址：太原市晋源区晋祠镇

联系人：×××　　　　　　　　　　　电　话：0351-×××××××

招标代理机构：山西××××工程招标代理有限公司

地　址：太原市菜园街2号

联系人：×××

电　话：0351-×××××××

2013年7月26日

三、招标文件学习

在获取招标公告后，投标单位进行资格审查报名，符合条件后，即可获得该工程的施工招标文件，如图0-1为山西省太原市滨江花园住宅小区绿化工程施工招标文件，具体内容见附件1。为了承接该施工项目，施工企业需按照招标要求完成园林工程投标工作。

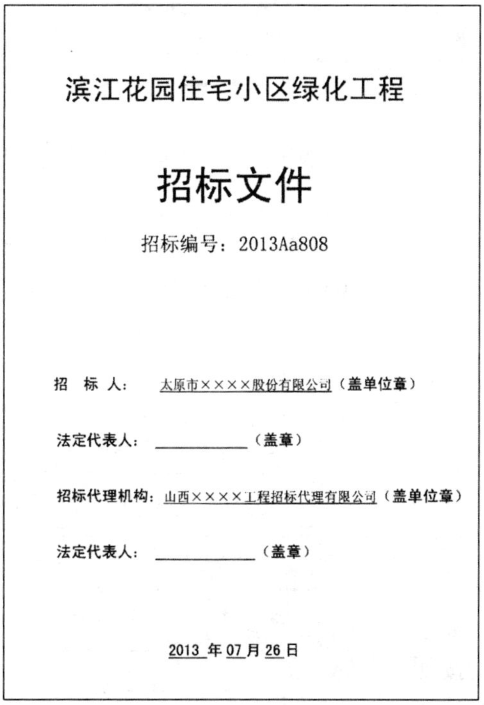

滨江花园住宅小区绿化工程

招标文件

招标编号：2013Aa808

招　标　人：太原市××××股份有限公司（盖单位章）

法定代表人：__________（盖章）

招标代理机构：山西××××工程招标代理有限公司（盖单位章）

法定代表人：__________（盖章）

2013年07月26日

图0-1　山西省太原市滨江花园住宅小区绿化工程施工招标文件

在该园林工程招标中，提供有一整套滨江花园住宅小区绿化工程招标文件与施工图纸，要求各投标单位根据招标要求进行投标。该工程招标内容包括滨江花园住宅小区园林工程、建筑工程和给排水工程。滨江花园住宅小区绿化工程设计总平面如图 0－2 所示。

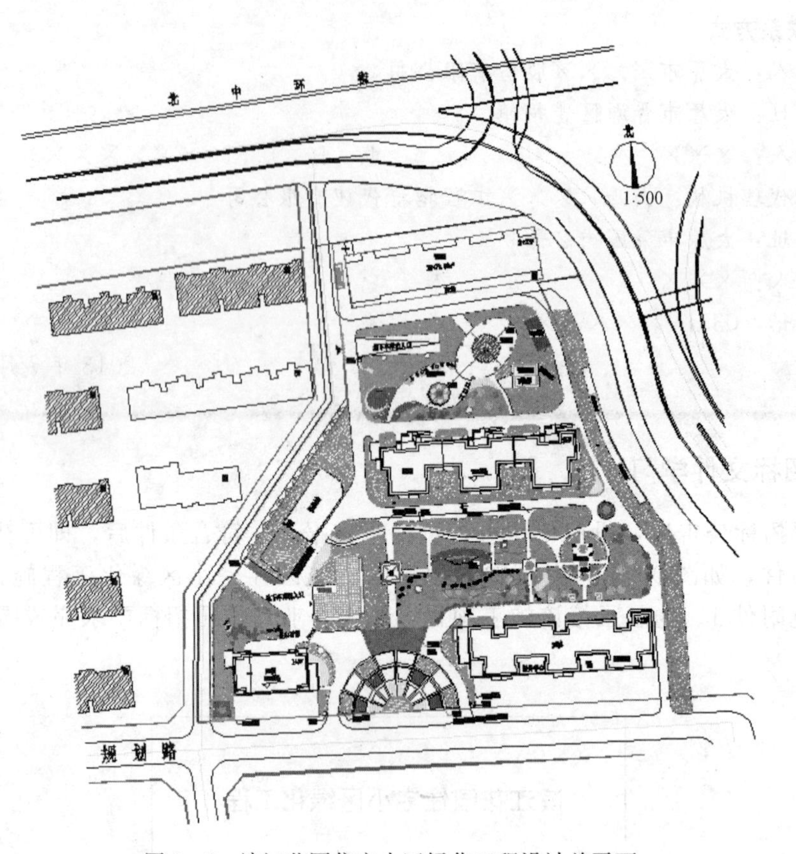

图 0－2　滨江花园住宅小区绿化工程设计总平面

四、基本工程任务

根据招标文件要求，投标文件中的主要组成部分是商务标和技术标，商务标的造价组成由数量和价格来确定，数量的计算来自园林工程图纸，因此编制投标文件前首先应该明确图纸内容，要求能看懂园林工程图纸，整理清楚园林工程图纸的每一个具体项目的结构要求与材料组成，然后根据图纸内容进行工程预算，编制标书进行投标。归结起来就是按照图 0－3 的工作过程，完成三项基本工作任务，具体内容将在本书后面的项目中进行讲解。

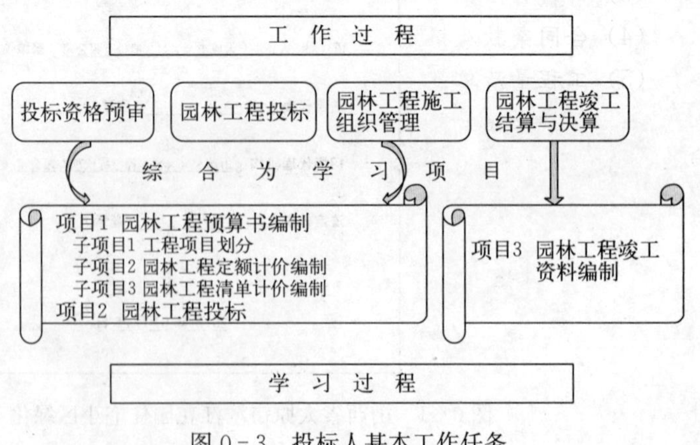

图 0－3　投标人基本工作任务

知识链接

附件1：招标文件

滨江花园住宅小区绿化工程招标文件

第一章　招标公告（略）

第二章　投标人须知

1. 总则

1.1　项目概况

1.2　资金来源和落实情况

1.3　招标范围、计划工期、质量要求

1.4　投标人资格要求

1.5　费用承担

1.6　保密

1.7　语言文字

1.8　计量单位

1.9　踏勘现场

1.10　投标预备会

1.11　偏离

2. 招标文件

2.1　招标文件的组成

2.1.1　本招标文件包括：

(1) 招标公告；

(2) 投标人须知；

(3) 评标办法；

(4) 合同条款及格式；

(5) 工程量清单；

(6) 图纸；

(7) 技术标准和要求；

(8) 投标文件格式；

(9) 投标人须知前附表规定的其他材料。

（法定节假日除外）每日8时至11时、15时至17时，在太原市菜园街2号518室持单位介绍信购买招标文件。

2.1.2　根据本章第1.10款、第2.2款和第2.3款对招标文件所作的澄清、修改，构成招标文件的组成部分。

2.2　招标文件的澄清

2.3　招标文件的修改

3. 投标文件

3.1　投标文件的组成

投标文件应包括下列内容：

(1) 投标函及投标函附录；

(2) 法定代表人身份证明或附有法定代表人身份证明的授权委托书；

(3) 投标保证金凭证；

(4) 已标价工程量清单；

(5) 施工组织设计；

(6) 项目管理机构；

(7) 资格审查资料；

(8) 投标人须知前附表规定的其他材料。

3.2　投标报价

3.3　投标有效期

3.4　投标保证金

3.5　资格审查资料

3.6　投标文件的编制

4. 投标

4.1　投标文件的密封和标记

4.2　投标文件的递交

4.3　投标文件的修改与撤回

5. 开标

5.1　开标时间和地点

5.2　开标程序

5.3　开标异议

6. 评标

6.1　评标委员会

6.2　评标原则

6.3　评标

7. 合同授予

7.1　定标方式

7.2　中标候选人公示

7.3　中标通知

7.4　履约担保

7.5　签订合同

8. 纪律和监督

8.1　对招标人的纪律要求

8.2　对投标人的纪律要求

8.3　对评标委员会成员的纪律要求

8.4　对与评标活动有关的工作人员的纪律要求

8.5　投诉

9. 需要补充的其他内容

10. 电子招标投标

第三章　评标办法（综合评估法）

1. 评标方法

2. 评审标准

2.1　初步评审标准

2.2　分值构成与评分标准

3. 评标程序

3.1　初步评审

3.2　详细评审

3.3　投标文件的澄清和补正

3.4　评标结果

第四章　合同条款及格式（略）

第五章　工程量清单

1. 工程量清单说明

2. 投标报价说明

3. 其他说明

4. 工程量清单

5. 工程量清单与计价表

第六章　图　　纸

1. 图纸目录

2. 图纸：另附

第七章　技术标准和要求

1. 主要技术规范

2. 主要技术要求

3. 工期要求及招标范围

第八章　投标文件格式（略）

知识链接

附件2：法定代表人身份证明

法定代表人身份证明

投标人名称：____________________

单位性质：____________________

地址：____________________

成立时间：________年________月________日

经营期限：____________________

姓名：________ 性别：________ 年龄：________ 职务：________

系______________（投标人名称）的法定代表人。

特此证明。

投标人：____________（盖单位章）

________年________月________日

知识链接

附件3：授权委托书

授 权 委 托 书

本人________（姓名）系________（投标人名称）的法定代表人，现委托________（姓名）为我方代理人。代理人根据授权，以我方名义签署、澄清、说明、补正、递交、撤回、修改____________（项目名称）投标文件、签订合同和处理有关事宜，其法律后果由我方承担。

委托期限：____________。

代理人无转委托权。

附：法定代表人身份证明

投标人：______________________（盖单位章）

法定代表人：______________________（签字或盖章）

身份证号码：______________________

委托代理人：______________________（签字或盖章）

身份证号码：______________________

________年________月________日

知识链接

附件4：投标函

投 标 函

______________（招标人名称）：

1. 我方已仔细研究了________（项目名称）招标文件的全部内容，愿意以人民币（大写）________（¥________）的投标总报价，工期________日历天，按合同约定实施和完成承包工程，修补工程中的任何缺陷，工程质量达到________。

2. 我方承诺在招标文件规定的投标有效期内不修改、撤销投标文件。

3. 随同本投标函提交投标保证金一份，金额为人民币（大写）_______（¥_______）。

4. 如我方中标：

（1）我方承诺在收到中标通知书后，在中标通知书规定的期限内与你方签订合同。

（2）随同本投标函递交的投标函附录属于合同文件的组成部分。

（3）我方承诺按照招标文件规定向你方递交履约担保（如有）。

（4）我方承诺在合同约定的期限内完成并移交全部合同工程。

5. 我方在此声明，所递交的投标文件及有关资料内容完整、真实和准确，且不存在第二章“投标人须知”第1.4.2项和第1.4.3项规定的任何一种情形。

6. ______________________（其他补充说明）。

投标人：__________（盖单位章）

法定代表人或其委托代理人：________（签字或盖章）

地址：______________________

网址：______________________

电话：______________________

传真：______________________

邮政编码：______________________

________年________月________日

项 目 1

园林工程预算书编制

>>> 知识目标

1. 了解园林工程施工图纸的基本知识。
2. 熟悉园林工程预算定额及计价规范的基本知识。
3. 掌握园林工程项目划分的基本知识。
4. 掌握园林工程工程量计算的基本知识。
5. 掌握园林工程施工图预算编制的基本知识。

>>> 技能目标

1. 能熟练识读园林景观工程施工图纸。
2. 会使用园林绿化工程预算定额。
3. 能根据定额内容结合图纸完整地划分园林工程项目。
4. 能根据园林工程施工图图示尺寸及计价规范的计算规则计算园林绿化工程量。
5. 能独立根据园林工程施工图纸编制园林绿化工程预算书。

子项目 1 工程项目的划分

>>> 知识目标

1. 了解园林工程施工图纸的基本知识。
2. 熟悉园林工程预算定额及计价规范的基本知识。
3. 掌握园林工程项目划分的基本知识。

>>> 技能目标

1. 能熟练识读园林景观工程施工图纸。
2. 会使用园林绿化工程预算定额。
3. 能根据定额内容结合图纸完整地划分园林工程项目。

任务1 施工图纸的识读

>>> 任务目标

会阅读园林工程施工图纸，掌握园林工程图纸的组成、图纸间的相互关系，明确园林设计要求、施工工艺等。

>>> 任务描述

该任务主要目的是进一步巩固园林绿化景观工程图的内容；重温园林工程制图与识图知识；明确园林工程图纸的组成；理解各种图纸间的相互关系；能结合园林绿化景观工程设计要求进行识图。

>>> 工作情景

根据招标文件提供的资料，滨江花园住宅小区绿化景观工程施工图纸包含总平面图和详图，该工程招标内容包括园林景观工程和园林绿化工程。编制园林工程预算是工程投标的重要内容，编制预算的关键是确定工程量和单价。工程量的计算来自园林工程图纸，因此编制投标文件前首先应该明确图纸内容，要求能看懂园林工程图纸，掌握园林工程图纸的组成、图纸间的相互关系，明确园林设计要求、施工工艺等。

>>> 知识准备

一、园林工程图纸内容

园林工程图纸内容一般包括：封皮、目录、说明、总平面图、施工放线图、竖向设计施工图 、植物配置图、照明电气图、喷灌施工图、给排水施工图、园林小品施工详图、铺装剖切断面图等。

二、园林工程识图内容

园林工程识图内容一般包括：封皮、目录、说明、施工总平面图、施工放线图、竖向设计施工图、植物配置图、照明电气施工图、园林小品详图、铺装图等。

>>> 任务实施

依据“滨江花园住宅小区绿化工程”招标文件提供的资料，结合园林制图和工程课程内容，对其图纸进行识读。

一、学看封皮、目录、说明

1. 封皮 封皮主要包括：工程名称、建设单位、施工单位、绘制时间、工程项目编号等。

2. 目录 目录包括：文字或图纸的名称、图别、图号、图幅、基本内容、张数。

图纸一般都有编号，编号以专业为单位，各专业各自编排各专业的图号；对于大、中型

项目，应按照以下专业进行图纸编号：园林、建筑、结构、给排水、电气、材料附图等；对于小型项目，可以按照以下专业进行图纸编号：园林、建筑及结构、给排水、电气等。

每一专业图纸对图号都统一标示，以方便查找，如：建筑结构施工可以缩写为“建施（JS)”，给排水施工可以缩写为“水施（SS)”，种植施工可以缩写为“绿施（LS)”。

3. 说明　说明是指针对整个工程需要说明的问题。如：设计依据、施工工艺等。

二、学看总平面图、平面图、立面图、剖面施工图

1. 园林工程施工总平面图

（1）用途。了解整体环境的构成，明确各个区域的划分，掌握总图与分图间的关系。

（2）基本内容。索引图、总平面图、竖向设计图、植物配置图等。

（3）看图要点。把握全局，明确分区，抓住关键；掌握园林制图中的基本制图规范，明确制图符号的含义；熟练掌握总图中的设计说明内容。

2. 园林工程施工平面图、立面图

（1）平面图。平面尺寸、材料、平面关系。

（2）立面图。厚度与高度、材料、结构、立面关系。

3. 园林工程施工剖面图　掌握剖面图结构，明确结构的尺寸与材料，熟悉施工工艺。园林工程项目的确定主要依据剖面图的材料结构进行划分，工程量的计算由平面尺寸和剖面图的尺寸共同计算完成。

三、学看植物配置图

1. 内容与作用

（1）内容：植物种类、规格、配置形式、其他特殊要求。

（2）作用：可以作为苗木购买、苗木栽植、工程量计算等的依据。

2. 看图要点　看标题栏、比例、指北针及设计说明；看植物图例、编号、苗木统计表及文字说明；看图纸中植物种植位置及配置方式；看植物的种植规格和定位尺寸；看植物种植详图。

四、学看园林道路施工图

1. 平面图　明确园路的具体尺寸，分析不同园路的铺装材料。

2. 剖面图　明确园路基础的不同做法，掌握不同基础层的材料与尺寸要求。

五、学看各类园林景观施工图

将平面图、立面图、剖面图结合起来进行识图，掌握不同景观的具体尺寸与材料要求，分析不同景观工程的施工工艺要求。

六、学看园林景观工程基础图、基础的类型与构造

基础按受力特点及材料性能可分为刚性基础和柔性基础；按构造的方式可分为独立基础、条形基础、柱下十字交叉基础、片筏基础、箱形基础、桩基础等，园林里常用的有独立基础和条形基础。

独立基础又称单独基础，是柱子基础的主要类型；有时也用作墙下单独基础。条形基础是指基础长度远大于其宽度的一种基础形式，按上部结构形式，可分为墙下条形基础和柱下条形基础。

七、完成整个园林工程图识图

按照上面步骤，分别完成整个园林工程图纸的识读。

八、总结归纳，全面掌握图纸内容

总结园林工程施工图纸的识读方法，并掌握各类图纸的相关内容。

>>> 巩固训练项目

结合当地园林工程图纸进行图纸识读训练。

>>> 拓展知识

园林工程建设材料

水泥、钢材和木材是基本建设的三种主要材料，简称基本建设“三材”。

1. 钢材 是指用于钢结构的各种型材，一般按照化学成分可分为非合金钢、低合金钢和合金钢。

（1）钢材的特点。钢材具有品质稳定、强度高、塑性和韧性好、可焊性和铆接性好、能承受冲击和振动荷载等优异性能，是土木工程中使用量最大的材料之一。

（2）钢材的种类。土木工程中常用的钢材可分为钢结构用钢和钢筋混凝土结构用钢两类，常用钢种有普通碳素结构钢、优质碳素结构钢、优质低素结构钢和低合金高强结构钢。

① 普通碳素结构钢。多轧制成型材、异型型钢和钢板等，可供焊接、铆接和螺栓连接用。

② 优质碳素结构钢。按照锰含量不同可分为普通含锰钢和较高含锰钢两组，共 31 个牌号，其中 30、35、40 和 45 号钢主要用于重要结构的钢铸件及高强螺栓等，45 号钢还可以用作预应力混凝土锚具，65、70、75、80 号钢主要用于预应力混凝土碳素钢丝、刻痕钢丝和钢绞线。

③ 低合金高强结构钢。多用于轧制各种型钢（角钢、工字钢、槽钢等）、钢板、钢管及钢筋，广泛用于钢结构和钢筋混凝土结构中，尤其是大跨度、承受动荷载和冲击荷载的结构。

（3）钢材的规格与换算，详见表 1－1。

2. 水泥 是指粉状水硬性无机胶凝材料。水泥加水搅拌成浆体后能在空气中或水中硬化，用以将沙、石等散粒材料胶结成砂浆或混凝土。

（1）水泥的种类。我国目前使用的水泥主要有硅酸盐水泥、普通硅酸盐水泥、砂渣硅酸盐水泥，火山灰质硅酸盐水泥和粉煤灰硅酸盐水泥。在一些特殊工程中还使用特殊水泥，如白色和彩色硅酸盐水泥，它们主要用于要求较高的装饰工程及园林工程，如以各种大理石、花岗石碎屑作骨料配成水刷石、水磨石、人造大理石等建筑物的饰面，园林中的塑石、塑竹等。

表 1-1　钢材的规格表示及理论重量换算公式

名称	横断面形状及标注方法	各部分名称及代号	规格表示方法	理论重量换算公式
圆钢、钢丝		d——直径	直径 例：ϕ25 mm	$W=0.006\ 17\times d^2$
方钢		a——边宽	边长^2 例：50^2 m^2 或 50 mm×50 mm	$W=0.007\ 85\times a^2$
六角钢		a——对边距离	对边距离 例：25 mm	$W=0.006\ 8\times a^2$
六角中空钢		d——芯孔直径 D——内切圆直径	内切圆直径 例：25 mm	$W=0.006\ 8D^2-0.006\ 17\times d^2$
扁钢		δ——厚度 b——宽度	厚度×宽度 例：6 mm×20 mm	$W=0.007\ 85\times b\times\delta$
钢板		δ——厚度 b——宽度	厚度或厚度×宽度×长度 例：9 mm 或 9 mm×1 400 mm×1 800 mm	$W=0.007\ 85\times\delta$
工字钢		h——高度 b——腿宽 d——腰厚 N——型号	高度×腿宽×腰厚 或以型号表示 例：100 mm×68 mm×4.5 mm 或＃10	a. $W=0.007\ 85\times d\ [h+3.34\ (b-d)]$ b. $W=0.007\ 85\times d\ [h+2.65\ (b-d)]$ c. $W=0.007\ 85\times d\ [h+2.26\ (b-d)]$
槽钢		h——高度 b——腿宽 d——腰厚 N——型号	高度×腿宽×腰厚 或以型号表示 例：100 mm×48 mm×5.3 mm 或＃10	a. $W=0.007\ 85\times d\ [h+3.26\ (b-d)]$ b. $W=0.007\ 85\times d\ [h+2.44\ (b-d)]$ c. $W=0.007\ 85\times d\ [h+2.24\ (b-d)]$
等边角钢		b——边宽 d——边厚	边宽^2×边厚 例：75^2 mm×10 mm 或 75 mm×75 mm×10 mm	$W=0.007\ 85\times d\ (2b-d)$

（续）

名称	横断面形状及标注方法	各部分名称及代号	规格表示方法	理论重量换算公式
不等边角钢	$\llcorner B\times b\times d$	B——长边宽度 b——短边宽度 d——边厚	长边宽度×短边宽度×边厚 例：100 mm×75 mm×10 mm	$W=0.00785\times d\ (B+b-d)$
无缝钢管或电焊钢管		D——外径 t——壁厚	外径×壁厚×长度一钢号或外径×壁厚 例：102 mm×4 mm×700 mm－#20 或 102 mm×4 mm	$W=0.02466\times t\times\ (D-t)$

注：1. 钢的密度为：7.85 g/cm^3。

2. W 为每米长度（钢板公式中是指每平方米）的理论重量（kg）。

3. 螺纹钢筋的规格以计算直径表示，预应力混凝土用钢绞线规格以公称直径表示，水、煤气输送钢管及电线套管规格以公称口径表示。

（2）水泥的特性。

① 水泥的水化。水泥中加入适量的水调成水泥浆后，水泥颗粒与水接触会发生化学反应，这一反应称为水化。

② 水泥的凝结和硬化。水泥水化后，产生的胶体状水化产物聚集在水泥颗粒表面，使化学反应减慢，并使水泥浆体具有可塑性。水化产物立即溶于水中，水泥颗粒又暴露出一层新的表面，水化反应继续进行。生成的胶体状水化产物不断增多并在某些点接触，构成疏松的网状结构，使浆体失去可塑性和流动性，这就是水泥的凝结，即初凝。

水泥初凝后，生成的胶体状水化产物不断增多并相互接触，形成网状结晶结构，网状结构内部不断充实水化产物，使水泥具有初步的强度，这一过程称为终凝。终凝后网状结构的强度逐渐提高，最后形成具有较高强度的水泥石，这就是水泥的硬化。

（3）水泥的主要技术指标。

① 细度。水泥的细度是指水泥颗粒的粗细程度。颗粒越细，硬化得越快，早期强度也越高，但硬化收缩较大，且粉磨时能耗大，成本高。

② 凝结时间。水泥的凝结时间分为初凝时间和终凝时间。水泥加水搅拌到开始凝结所需的时间称初凝时间，从加水搅拌到凝结完成所需的时间称终凝时间。水泥凝结时间的测定由专门的凝结时间测定仪进行，国家标准《通用硅酸盐水泥》（GB 175—2007）规定，硅酸盐水泥初凝时间不得早于 45 min，终凝时间不得迟于 6.5 h；普通硅酸盐水泥初凝时间不得早于 45 min，终凝时间不得迟于 10 h。凡初凝时间不符合规定者为废品，终凝时间不符合规定者为不合格品。

③ 体积安定性。水泥的体积安定性是指水泥在硬化过程中体积变化的均匀性能。水泥中含杂质较多，凝结硬化后体积变化不均匀，水泥混凝土构件将变形，降低建筑物质量，甚至引起严重事故。体积安定性不良的水泥作为废品处理，不能用于工程中。

④ 强度。水泥的强度是一项重要的技术指标，它是确定水泥强度等级的依据。

按国家标准《硅酸盐水泥、普通硅酸盐水泥》（GB 175—1999）的规定，硅酸盐水泥的强度分为42.5、42.5R、52.5、52.5R 、62.5、62.5R（带R——早强型，不带R——普通型）六个等级。普通硅酸盐水泥的强度分为42.5、42.5R、52.5、52.5R四个等级。

（4）混凝土。简称为“砼”（tóng），是指由胶凝材料将集料胶结成整体的工程复合材料的统称。通常建筑上使用最普遍的是以水泥为胶凝材料，沙、石作集料，与水（加或不加外加剂和掺合料）按一定比例配合，经搅拌、成型、养护而得的水泥混凝土，也称普通混凝土，它广泛应用于土木工程中。

混凝土强度等级是按立方体抗压强度标准值来划分的，并用符号C与立方体抗压强度标准值（MPa）来表示，按照国家标准《混凝土结构设计规范》（GB 50010—2010）分为C15、C20、C25、C30、C35、C40、C45、C50、C55、C60、C65、C70、C75、C80共14个等级。

3. 木材 园林建筑工程上的木材是指将结构材料和装饰材料融为一体的木材。

（1）木材的特点。木材作为建筑材料具有许多优良性能，如：质量轻，强重比高，有较高的弹性和韧性，抗冲击和振动，易于加工，长期保持干燥或长期置于水中时均有很高的耐久性，导热性低，大部分都具有美丽的纹理、装饰性好等。

木材性能的缺点是：构造不均匀，易变形，易遭腐朽、虫蛀，易燃烧等，在使用中要给予重视。

（2）木材的种类。在园林建筑工程中直接使用的木材主要包括原条、原木、锯材和枕木四类。

① 原条。是指去其树枝而未按一定尺寸做成规定的木材材种的伐倒木，如脚手架等。

② 原木。是指按尺寸、形状、质量的标准规定或特殊规定将原条截成一定长度的木料，主要用于屋架、柱、梁、木桩等。

③ 锯材。是指已经加工成材的木料。按横切面宽与厚的比例，宽为厚的3倍或3倍以上的锯材称板材，宽不足厚的3倍的称枋材。锯材主要应用于园林建筑构件等。

④ 枕木。是指按枕木断面和长度加工而成的材料，主要用于铁路工程。

>>> 评价标准

见表1－2。

表1－2 学生识读施工图纸的评价标准

评价项目	技术要求	分值	评分细则	评分记录
总平面图的运用	了解总图的组成； 明确总图的用途； 掌握总索引图的内容	20分	总图内容是否齐全，不能发现问题扣3～5分； 不能说出各总图的用途者扣5分	
各分区详图的识图	分区详图的组成； 分区详图的主要内容； 分区详图与总图的对应关系	20分	不能找全相关详图扣5分； 详图与总图关系不熟练扣1～10分	

（续）

评价项目	技术要求	分值	评分细则	评分记录
园林工程详图内容的掌握（结构、材料、尺寸等）	根据结构掌握施工工艺流程；根据材料和尺寸明确工程施工差异	30分	结构分析不完整，每项扣3～5分；结构尺寸对应关系分析有误者，扣3～5分	
总图与详图，平面图与立面、剖面图，详图与详图等关系的掌握	掌握图纸之间的相互关系	30分	凡图纸查找不明确者，扣3～5分；图纸对应关系不明确者，扣1～10分	

任务2　预算定额的使用

>>> 任务目标

能熟练使用园林工程预算定额工具书，并学会园林工程预算定额的换算。

>>> 任务描述

本任务主要是明确图纸内容与定额内容的关系，掌握园林绿化工程预算定额的使用方法。首先根据读图列出的工程项目进行园林工程预算定额的套用练习，掌握园林绿化工程预算定额的使用方法；然后在此基础上，理解图纸项目和预算项目的关系。

>>> 工作情景

编制工程预算的关键是工程量和单价，工程量的计算和单价的确定都要依据工程预算定额。因此编制预算前应学会预算定额的使用，明确定额内容与园林工程项目的关系，明确定额的内容结构关系，真正理解定额各章节的关系。定额的使用要求是操作程序规范的基础，初学者应严格按照要求进行操作。

>>> 知识准备

一、定额的概念与性质

1. 定额的概念　定额是指在正常的施工条件下，完成某一合格单位产品或完成一定数量的工作所消耗的人工、材料、机械台班的数额。

2. 定额的特点

(1) 科学性。定额是实事求是地用科学方法，总结经验，并根据技术测定和统计、分析、综合而制定的，能反映产品上劳动消耗的客观需要量；定额包括了一般设计施工情况下所需的全部工序、内容和人工、材料、机械台班的数量；定额体现了已推广的新结构、新材料和新技术、新方法；定额体现了正常条件下能达到的平均先进水平；定额能正确反映当前生产力水平的单位产品所需的生产消耗量。

(2) 法令性。经国家或授权单位颁发的定额，具有法令的性质。属于规定范围内的任何

单位，都必须认真贯彻执行。执行定额时要加强政策观念，不得任意修改。定额的管理部门应对定额使用单位进行必要的监督，保证和维护定额的严肃性。

（3）实践性。定额要依靠广大群众来贯彻执行，并通过广大群众的生产施工活动，进一步提高定额水平；对一些设计与施工中变化多，会较大地影响造价的重要因素可根据实践活动来调整换算。

二、定额的分类

在工程建设过程中，由于使用对象和目的不同，定额有很多种类。可按内容、用途、使用范围等对定额加以分类（图1-1）。

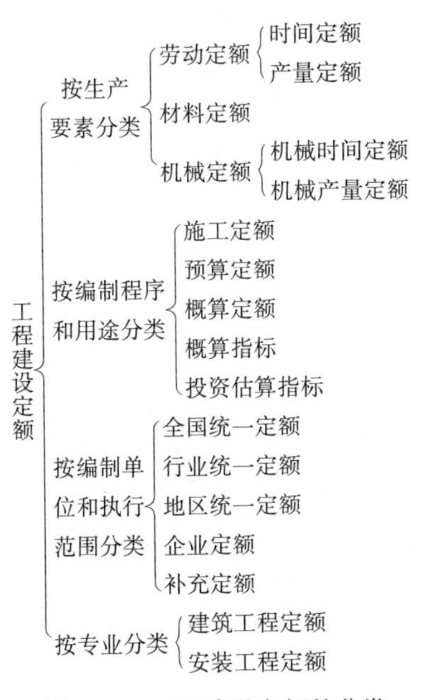

图1-1　工程建设定额的分类

1. 按生产要素分类　进行物质资料生产所必须具备的三要素是：劳动者、劳动对象和劳动工具。劳动者是指生产工人；劳动对象是指各种原材料和半成品等；劳动工具是指生产机具和设备等。为了适应建设工程施工活动的需要，定额可按这三个要素编制，即劳动消耗定额、材料消耗定额、机械消耗定额。

（1）劳动消耗定额。简称劳动定额（也称人工定额），是指在正常的施工技术和合理的劳动组织条件下，完成单位合格产品所必需的劳动力消耗量标准（劳动时间）。劳动定额的主要表现形式是时间定额和产量定额，这二者互为倒数。

（2）材料消耗定额。简称材料定额，是指在节约与合理使用材料的条件下，生产单位合格产品所必须消耗的一定品种、规格材料的数量标准。材料定额包括产品中的材料净用量，也包括在施工过程中发生的合理损耗量。

（3）机械消耗定额。简称机械定额，是指在合理的人机组合条件下，完成一定合格产品所必须消耗的机械台班的数量标准。机械定额的主要表现形式是机械时间定额，但同时也表现为机械产量定额。

劳动定额、材料定额和机械定额的制定，应能最大限度地反映社会平均必须消耗的水平，这三种定额是制定各种实用性定额的基础，因此也称为基础定额。

2. 按编制程序和用途分类 根据不同的设计阶段，按编制程序和用途，定额可分为施工定额、预算定额、概算定额、概算指标和投资估算指标。

（1）施工定额。是指在正常的施工条件下，完成一定计量单位的某一施工过程或工序所需消耗的人工、材料和机械台班的数量标准。它是施工企业内部直接用于施工管理的一种技术定额，由劳动定额、机械定额和材料定额所组成，具有企业生产定额的性质。施工定额是工程定额中分项最细、定额子目最多的一种定额，也是工程定额中的基础性定额。

（2）预算定额。是指在正常的施工条件下，完成一定计量单位工程合格产品所需消耗的人工、材料、机械台班的数量标准。它是建设行政主管部门根据合理的施工组织设计而制定的，计算单位工程中人工、材料、机械台班需要量，确定单位工程造价的一种定额，属于计价性定额。从编制程序上看，预算定额是以施工定额为基础综合扩大而成的，同时也是编制概算定额的基础。

（3）概算定额。也称扩大结构定额，是指在预算定额的基础上确定的，完成单位合格扩大分项工程或扩大结构构件所需消耗的人工、材料和机械台班的数量标准。它是设计单位在初步设计阶段编制设计概算、计算投资需要量时使用的一种参考定额，是一种计价性定额。概算定额的项目划分粗细，与扩大初步设计的深度相适应，一般是在预算定额的基础上综合扩大而成的，每一综合分项概算定额都包含了数项预算定额。

（4）概算指标。是指以单位工程为对象，反映完成一个规定计量单位建筑安装产品所需消耗的人工、材料、机械台班的数量标准。它是概算定额的扩大与合并，是一种计价性定额，适用于初步设计阶段，是控制项目投资的有效工具，它所提供的数据是计划工作的依据和参考。

（5）投资估算指标。是指以建设项目、单项工程、单位工程为对象，反映建设总投资及其各项费用构成的经济指标。它是在项目建议书和可行性研究阶段编制投资估算、计算投资需要量时使用的一种计价性定额。它的粗略程度与可行性研究阶段相适应，其指标往往根据历史的预、决算资料和价格变动等资料编制，但其编制基础仍离不开预算定额、概算定额。

3. 按编制单位和执行范围分类 按编制单位和执行范围分类时，定额可分为全国统一定额、行业统一定额、地区统一定额、企业定额、补充定额。

（1）全国统一定额。是由国家建设行政主管部门综合全国工程建设、工程技术和施工组织管理的情况，制定、颁发，并在全国范围内执行的定额。如全国统一的《仿古建筑及园林工程预算定额》。

（2）行业统一定额。是由中央各部门根据本部门专业性质不同的特点，参照全国统一定额的制定水平，编制出适合本行业工程技术特点以及施工生产和管理水平的一种定额。在其行业内，全国通用，如水利工程定额、铁路建设工程定额。

（3）地区统一定额。也称单位估价表，是由各省、自治区、直辖市建设行政主管部门结合本地区特点，在全国统一定额水平的基础上，对定额项目作出适当调整、补充而成的一种定额，在本地区范围内执行。

（4）企业定额。是由施工企业考虑本企业具体情况，参照国家、部门或地区定额水平制定的定额。企业定额只在企业内部使用，是企业素质的一个标志，一般应高于国家现行定额，才能满足生产技术发展、企业管理和市场竞争的需要。

（5）补充定额。是指随着设计、施工技术的发展，在现行定额不能满足需要的情况下，为了补充缺陷所编制的定额。补充定额只能在指定的范围内使用，可以作为以后修订定额的基础。

4. 按专业性质分类　按专业的不同性质，可将定额分为建筑工程定额、安装工程定额两大类，每类按专业对象又进行详细分类。

（1）建筑工程定额。建筑工程定额按专业对象可分为建筑工程及装饰工程定额、房屋修缮工程定额、市政工程定额、仿古建筑及园林工程定额、铁路工程定额、公路工程定额、矿山井巷工程定额等。

（2）安装工程定额。安装工程定额按专业对象可分为机械设备安装工程定额、电气设备安装工程定额、热力设备安装工程定额、通信设备安装工程定额、化学工业设备安装工程定额、工业管道安装工程定额、工艺金属结构安装工程定额。

三、预算定额的内容

预算定额手册由文字说明和定额项目表两部分内容组成。

1. 文字说明　这部分主要包括：预算定额总说明、工程量计算规则、分部工程说明及分项工程定额表头说明。

（1）预算定额总说明。这部分内容主要有：预算定额的适用范围、指导思想及目的作用；预算定额的编制原则、主要依据及上级下达的有关定额的修编文件；使用本定额必须遵守的规则及适用范围；定额所采用的材料规格、材质标准，允许换算的原则；定额在编制过程中已经包括及未包括的内容；各分部工程定额共性问题的有关统一规定及使用方法等。

（2）工程量计算规则。这部分主要根据国家有关规定，对工程量的计算作出统一的规定。因为工程量是核算工程造价的基础，是分析园林工程技术经济指标的重要数据，是编制计划和统计工作的指标依据。

（3）分部工程说明。这部分内容主要有：分部工程所包括的定额项目内容；分部工程各定额项目工程量的计算方法；分部工程定额内综合的内容及允许换算和不得换算的界限及其他规定；使用本分部工程允许的增减系数范围的界定等。

（4）分项工程定额表头说明。这部分内容主要有：在定额项目表表头上方说明分项工程工作内容；本分项工程包括的主要工序及操作方法等。

2. 定额项目表（表1－3）

表1－3　定额项目表

<table>
<tr><td colspan="2">定额编号</td><td></td><td></td><td></td><td></td></tr>
<tr><td colspan="2" rowspan="2">项　　目</td><td colspan="4"></td></tr>
<tr><td></td><td></td><td></td><td></td></tr>
<tr><td colspan="2">预算价格（元）</td><td></td><td></td><td></td><td></td></tr>
<tr><td>其中</td><td>人工费（元）
材料费（元）
机械费（元）</td><td></td><td></td><td></td><td></td></tr>
</table>

（续）

名称		单位	单价（元）	数量			
人工	综合工日						
材料							
机械							

（1）定额编号。即分项工程定额编号（子目编号）。

（2）项目。又称为定额名称，是分项工程定额名称。

（3）预算价格。又称为预算基价、基价，其中包括人工费、材料费、机械费。

（4）人工。人工表现形式，包括工日数量、工日单价。

（5）材料。材料（含构配件）表现形式。材料栏内一是列出主要材料和周转使用的材料名称、消耗数量及单价；二是列次要材料，一般都笼统表示为“其他材料费”，单位为“元”。

（6）机械。机械为施工机械表现形式。机械栏内有两种列法：一种是列出主要机械的规格、数量和单价；另一种是列次要机械，一般都笼统表示为“其他机械费”，单位为“元”。

四、预算定额项目的编排形式

预算定额手册是根据园林结构及施工程序等按照章、节、子目等顺序排列，并有统一的编号。因各地区使用的园林定额不同，所以项目划分也有所不同。

1. 编排形式主要内容

（1）章。即分部工程，它将单位工程中某些性质相近、材料大致相同的施工对象归纳在一起。如山西省2011年《园林绿化工程预算定额》共分为六章，第一章为整理绿化用地工程；第二章为绿化工程；第三章为绿化养护工程；第四章为堆砌假山及塑制假石山工程；第五章为园路及园桥工程；第六章为园林景观工程。

（2）节。即分项工程。分部工程以下，又按工程性质、工程内容及施工方法、使用材料等分成许多分项工程。如山西省2011年《园林绿化工程》第二章“绿化工程”，分为起挖花木及竹类、迁移花木、栽植花木及竹类、铺种草皮、栽植地被植物、假植、摆设花盆、树木支撑及搭设遮阳棚、草绳绕树干、人工换土10个分项。

（3）子目。在节以下再按工程性质、规格、材料类型等分成的若干项目。如2011年《园林绿化工程》第二章“绿化工程”第二节“迁移花木”分项工程分为迁移成片绿篱及露地花卉高度40 cm以内、60 cm以内、80 cm以内、100 cm以内和120 cm以内五个子目。

2. 编号方法 为了方便查阅使用定额，定额的章、节、子目都应有统一的编号。通常有三个符号和两个符号两种编号方法。

（1）三个符号定额项目编号法。这是指用章-节-子目三个号码进行定额项目编号，其表现形式如下。

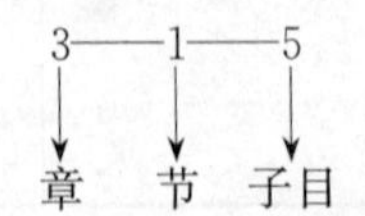

（2）两个符号定额项目编号法。这是用章-子目两个号码进行定额编号，其表现形式如下。

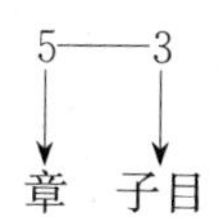

>>> 任务实施

一、确定园林工程预算定额的使用方法

1. 预算定额的直接套用　当设计要求与定额项目的内容相一致时，可直接套用定额的预算基价及工料消耗量，计算该分项工程的直接费用以及工料需用量。

2. 预算定额的换算　当设计要求与定额项目的内容不完全一致时，就不能直接套用定额。

3. 预算定额的补充　当设计要求项目的内容在定额中缺项，而又不属于定额调整换算范围之内，无定额项目可套时，应编制补充定额。

二、园林绿化工程预算定额使用的具体步骤

预算定额的直接套用是园林工程预算中最常用、最基本的使用方法，其他两种经过换算或补充后，即转化为预算定额的直接套用。下面为预算定额直接套用的具体步骤。

第一步，熟悉定额工具书。

第二步，套用预算定额。

（1）划分工程项目。

（2）套定额。

（3）计算人材机价格。

（4）分析工料机。

【例1-1】滨江花园住宅小区2号楼前绿化须铺种625 m^2 草坪，采用草皮满铺形式，试计算该分项工程定额预算价格及工料分析。

解：①套定额。查定额书，确定定额的编号：E2-154。

应注意工程单位必须化为与定额单位一致。套用定额时，常参用表1-4（《园林绿化工程分册》第31页）。

② 计算人材机价格。用工程量分别乘定额价格。

625 m^2 草坪预算价格＝115.82×62.50＝7 238.75（元）

其中，人工费＝105.45×62.50＝6 590.63（元）

材料费＝10.37×62.50＝648.13（元）

③ 分析工料机。

人工：1.85×62.50＝115.63（工日）。

工程用水：1.00×62.50＝62.50（m^3）。

有机肥：0.38×62.50＝23.75（m^3）。

表 1-4　定额项目（铺种草皮）表

工作内容：起挖草皮、搬运集中、翻整土地、清除杂物、施某肥、铺种草皮、浇水、清运弃物、养护。

单位：10 m^2

定额编号				E2-152	E2-153	E2-154	E2-155
项　目				铺种草皮			
				起挖草皮	草皮散铺	草皮满铺	铺种植生带
预算价格（元）				7.98	87.32	115.82	79.91
其中	人工费（元）			7.98	76.95	105.45	69.54
	材料费（元）				10.37	10.37	10.37
	机械费（元）						
名　称		单位	单价（元）	数量			
人工	综合工日	工日	57.00	0.14	1.35	1.85	1.22
材料	工程用水	m^3	5.60		1.00	1.00	1.00
	有机肥	m^3	12.55		0.38	0.38	0.38

>>> 巩固训练项目

滨江花园住宅小区 2 号楼前对新栽植的片栽绿篱进行养护，绿篱面积为 80 m^2，高度为 55 cm，养护期为一年，包括 3 个月的成活养护和 9 个月的保存养护，试计算分项工程定额预算价格及工料分析。

>>> 拓展知识

一、预算定额的换算

1. 预算定额的换算　当施工图上分项工程或结构构件的设计要求与基价表中相应项目的工作内容不完全一致时，就不能直接套用定额。当基价表规定允许换算时，则应按基价表规定的换算方法对相应定额项目的基价和人材机消耗量进行调整换算。

换算后的定额项目应在定额编号的右下角标注一个“换”字，以示区别。

2. 换算方法

（1）运距换算。基价表规定：各种项目的运输定额，一般分为基本定额和增加定额，即超过最大运距时另行计算。运距换算的公式为：换算后的基价＝基本定额＋增加定额。

【例 1-2】人工运土方 100 m^3，运距 80 m，试计算定额直接工程费。

解：① 确定基本定额的编号：A1-79。运距 20 m 以内定额基价为1 770.99元/100 m^3。

② 确定增加定额的编号：A1-80。运距 200 m 以内每增加 20 m 定额基价为 856.14 元/100 m^3，(80－20)/20＝3，即增加 60 m 定额基价为 856.14×3＝2 568.42（元/100 m^3）。

③ 计算换算后的基价：A1-$79_{换}$＝1770.99 ＋2 568.42＝4 339.41（元/100 m^3）。

④ 计算直接工程费：100×4 339.41/100＝4 339.41（元）。

（2）材料换算。基价表规定：一般情况下，材料换算时，人工费和机械费保持不变，仅换算材料费。而且在材料费的换算过程中，定额上的材料用量保持不变，仅换算材料的预算单价。

材料换算的公式为：换算后的基价＝换算前原定额基价＋应换算材料的定额用量×（换入材料的单价－换出材料的单价）

【例1-3】 某工程砌空花砖墙，设计要求用M7.5混合砂浆，试计算该分项工程预算价格。

解： ① 确定换算定额的编号：A3-16（M5混合砂浆）。定额基价为2 087.06元/10 m^3，砂浆用量为0.98 m^3。

② 确定换入、换出砂浆单价。M5混合砂浆单价为153.88元/m^3，M7.5混合砂浆单价为176.64元/m^3。

③ 计算换算基价。$A3-16_{换}$＝2 087.06＋0.98×（176.64－153.88）＝2 109.36（元/10 m^3）。

二、定额的补充

当分项工程或结构构件项目在定额中缺项，而又不属于定额调整换算范围之内，无定额项目可套时，应编制补充定额。补充定额只能在指定的范围内使用，一般由施工企业提供测定资料，与建设单位或设计部门协商议定，只作为一次使用，并同时报主管部门备查，以后陆续遇到此种同类项目时，经过总结和分析，往往成为补充或修订正式统一定额的基本资料。

定额的补充，其编制方法与定额单价确定的方法相同。先计算所缺项目的人工、材料和机械台班的消耗数量，再根据本地区的人工工日单价、材料预算价格和机械台班单价，计算出该项目的人工费、材料费和机械费，最后汇总为补充定额单价。

>>> 评价标准

见表1-5。

表1-5　学生使用预算定额的评分标准

评价项目	技术要求	分值	评分细则	评分记录
定额组成的熟悉	了解定额总说明； 明确定额主要内容； 掌握定额各章节的内容	20分	定额说明理解全面，未能全面理解的扣3～5分； 不能说出定额主要内容及各章内容安排的扣5分	
定额的使用基本要求	掌握定额使用的基本要求	20分	凡违背基本要求的，扣3～5分； 对分部、分项定额的编排程序和规律不熟悉者，扣1～10分	
定额表的查阅	根据项目列出的工作内容查找相应的定额，并确定其基价	30分	规定时间内查找10个工作内容对应的定额编号，并说出其人工消耗量与基价，每错1个扣3分	
定额项目表的运用	明确各项目表的组成； 理解各表的主要内容； 掌握表中数据间的对应关系	30分	定额中计量单位不清者扣5分； 项目表中数据间的关系不熟练者扣1～10分	

任务3 园林工程项目的划分

>>> 任务目标

能正确确定工程项目的级别，并学会使用预算定额进行园林工程项目的划分。

>>> 任务描述

园林工程施工招标项目包含园林绿化工程与园林景观工程。各园林工程项目是由多个基本的分项工程构成的，为了便于对工程进行管理，保证园林景观工程投标内容的完整性，做到与园林工程招投标文件内容相吻合，使工程预算项目与预算定额中的项目一致，就必须对工程项目进行划分。本任务的目标是明确滨江花园住宅小区的项目组成，学会根据园林工程施工图纸进行项目划分。

>>> 工作情景

通过任务2的学习，我们明确了预算定额的组成与主要内容。划分项目的目的是使工程预算项目与预算定额中的项目一致，因此项目划分任务要将园林工程图与预算定额相结合，将工程项目按照项目划分级别进行划分，最终达到所有子项目与相关的定额相对应的要求，同时为下一个任务（园林工程定额计价编制）做好准备。

>>> 知识准备

一、园林工程项目划分的意义

园林建设产品的形式、结构、尺寸、规格、标准千变万化，所需人力、物力的消耗也不相同，而且园林建设产品的单体性和固定性，致使工程地点、施工条件、施工周期、投资效果等因素变化极大。因此，不能用一般工业产品的计价方法，对园林产品进行精确的核算。但是，园林产品经过层层分解后，具有许多共同的特征：首先他们的基本组成部分是相同的，例如园路都由基层、垫层和面层组成；其次园林产品价格构成要素基本相同，主要包括人工费、材料费、机械台班费等。因此，可以按照同等或相近的条件，确定单位分项工程的人工、材料、施工机械台班等消耗指标（即定额），再根据具体工程的实际情况（如设计图纸、施工方案）按规定逐项计算，求其产品的价值，即园林工程预算。

一个园林工程项目是由多个基本的分项工程构成的，为了便于对工程进行管理，使工程预算项目与预算定额中的项目一致，就必须对工程项目进行划分。

二、园林工程项目划分的类型

1. 建设总项目　是指在一个场地上或数个场地上，按照一个总体设计进行施工的各个工程项目的总和。如一个公园、一座休闲农庄、一个动物园、一个小区等就是一个建设总项目。

2. 单项工程　是指在一个工程项目中，具有独立的设计文件，竣工后可以独立发挥工

程效益的工程。它是建设总项目的组成部分，一个建设总项目中可以有几个单项工程，也可以只有一个单项工程。如一个公园里的码头、水榭、喷泉广场等。

3. 单位工程　是指具有单列的设计文件，可以进行独立施工，但不能单独发挥作用的工程。它是单项工程的组成部分。如喷泉广场中的园林工程、给排水工程、照明工程等。

4. 分部工程　一般是指按单位工程的各个部位或是按照所使用的不同的工种、材料和施工机械而划分的工程项目。它是单位工程的组成部分。如一般园林工程可以划分为四个分部工程：绿化工程；园路、园桥工程；园林景观工程；指施项目。

5. 分项工程　分项工程是指分部工程中按照不同的施工方法，不同的材料、不同的规格等因素而进一步划分的最基本的工程项目。如园路、园桥分部工程分为园路，踏（蹬）道，路牙铺设，树池围牙，盖板（蓖子），嵌草砖（格）铺装，桥基础，石墩桥，石桥台，拱券石等分项工程。

>>> 任务实施

一、明确建设项目

建设项目为滨江花园住宅小区绿化工程。

二、单项工程的划分

分析该建设项目的单项工程，它们是1号楼、2号楼、3号楼。

三、单位工程的划分

根据每一个单项工程的构成，进一步细分为各单位工程。如1号楼工程包含有园林工程、建筑工程、给排水工程等。

四、分部工程的划分

按单位工程的每个部位或是按照所使用的不同的工种、材料和施工机械而继续将单位工程分解为分部工程，如园林工程划分为绿化工程；园路、园桥工程；园林景观工程；措施项目。其中绿化工程又分为3个子分部工程：绿地整理，栽植花目，绿地喷灌；园路、园桥工程分为2个子分部工程：园路、园桥工程，驳岸、护岸工程；园林景观工程又分为7个子分部工程：堆塑假山，原木、竹构件，亭廊屋面，花架，园林桌椅，喷泉安装，杂项；措施项目分为5个分部工程：脚手架工程，模板工程，树木支撑架，草绳绕树干，搭设遮阳（防寒）棚工程，围堰、排水工程，安全文明施工及其他措施项目。

五、分项工程的划分

按照不同的施工方法，不同的材料，不同的规格等因素而进一步划分为最基本的工程项目——分项工程。如子分部工程栽植花木根据乔、灌、草的不同，苗木规格的不同，施工方法的不同进一步细分为栽植乔木、栽植灌木、铺种草皮等分项工程。分项工程根据具体的工作内容，可对应出具体的分项工程子目，如栽植乔木包含的分项工程子目有：起挖、运输、栽植、养护。这些都与对应定额相匹配，即可得到各项目的消耗量与定额基价，为下一任务套定额提供依据。

>>> 巩固训练项目

图 1-2 为滨江花园住宅小区 2 号楼前绿地，请根据项目划分步骤对其进行项目划分，要求明确不同材料、不同规格及施工方法对应的项目内容。

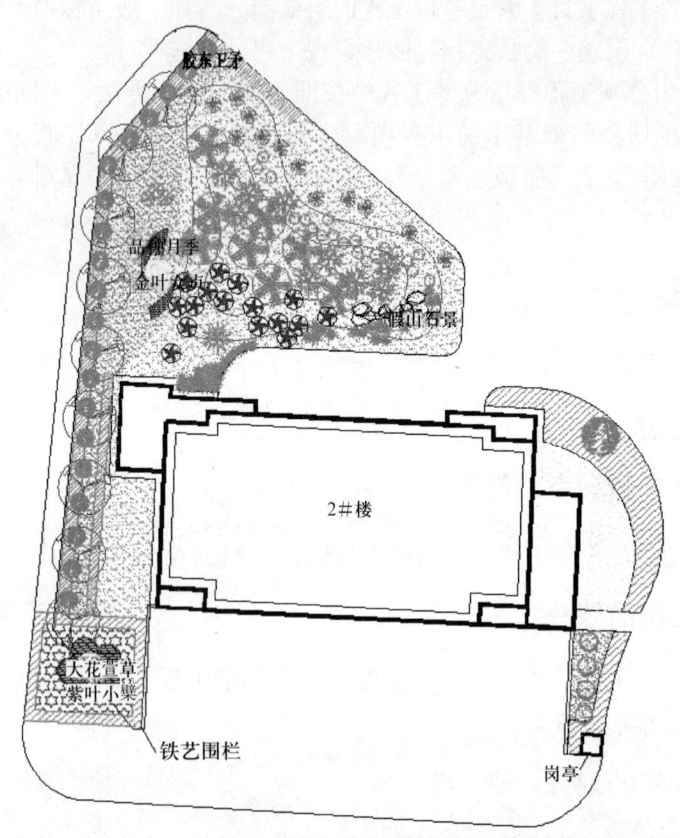

图 1-2 滨江花园住宅小区 2 号楼前绿地

>>> 评价标准

见表 1-6。

表 1-6 学生划分园林工程项目的评分标准

评价项目	技术要求	分值	评分细则	评分记录
园林工程施工图的识图	快速了解图纸内容； 明确施工图纸所包含的主要内容	30 分	对图纸不熟悉，未能全面理解的扣 3～5 分； 不能说出施工图主要内容及项目划分层次概念模糊者扣 1～10 分	

（续）

评价项目	技术要求	分值	评分细则	评分记录
工程子项目的划分	明确图纸中分部工程的组成； 根据图纸快速罗列出园林工程各分部工程的最基本的工程项目； 掌握分项工程与预算定额的对应关系	40分	对图纸中分部工程划分不清者扣5分； 对分项工程项目划分与施工方法不合理者扣1～10分； 园林分项工程与定额项目不能较好匹配的扣1～10分	
不同的施工方法，不同的材料，不同的规格等因素的区分	材料的区别； 施工方法的理解与施工工艺流程的控制； 材料规格的区分与计量单位的匹配	30分	不熟悉材料的扣3～5分； 对施工工艺流程不清晰的扣1～10分； 对工程材料规格不清楚者或计量单位不匹配者扣1～10分	

子项目2　园林工程定额计价编制

学习目标

掌握园林工程定额计价编制的方法及步骤，熟练运用预算软件编制园林绿化工程预算书。

工作任务

1. 根据园林绿化工程工程量计算规则计算出各分项工程工程量。
2. 根据园林工程造价编制程序，手工编制园林绿化工程预算书（定额计价）。
3. 运用园林工程预算软件编制园林绿化工程预算书（定额计价）。

任务1　园林工程工程量的计算

任务目标

能进行园林绿化工程各项目工程量的计算。

任务描述

该任务主要目的是进一步熟悉园林预算定额工具书，在工程项目划分的基础上，根据工程量计算规则计算各分项工程工程量。

>>> 工作情景

在园林工程项目划分的基础上，能按照定额项目的计算规则正确计算各分项工程工程量。

>>> 知识准备

一、园林工程量计算原则

1. 工程量的概念 工程量是把设计图纸中的具体工程或结构配件按照定额规定的分项工程子目以一定的物理单位或自然单位表示出来的具体数量。

物理单位是以分项工程或构件的物理属性为计量单位，例如：长度单位用 m、面积单位用 m^2、体积单位用 m^3、质量单位用 kg 等。

自然单位是以分项工程或构件的自然属性为计量单位，例如：组、台、套、株等。

2. 工程量计算原则

（1）计算范围要一致。根据施工图列出的分项工程所包含的范围与定额中相应分项工程子目所包含的工作内容一致。

（2）工程量计算规则要一致。计算工程量时，必须严格执行工程量计算规则，以及各章、节有关说明、附注。根据定额规定，该扣的扣，该增的增，该乘系数的乘系数。

（3）计量单位要一致。按施工图计算工程量时，各分项工程的工程量的计算单位，必须与定额中相应的项目计量单位保持一致。

（4）计算精度要一致。工程量的数字计算要准确，一般应精确到小数点后两位，使用钢材、木材及贵重材料的项目可算至小数点后三位，余数四舍五入。

二、工程量计算的步骤

1. 列出单位工程分项工程名称 在熟悉施工图纸及施工组织设计的基础上，严格按定额的项目确定工程项目。为了防止多项、漏项的现象发生，在编项目时应首先将工程分为若干分部工程，如：土方工程、绿化工程、园路及铺装工程、假山工程、水景工程等。

2. 绘制工程量计算表 绘制工程量计算表（表 1-7）。根据园林绿化工程预算定额及施工图纸填写定额编号、项目名称、计算公式及单位。

表 1-7 工程量计算表

工程名称： 年 月 日

序 号	定额编号	分部、分项工程名称	计算公式	单 位	工程数量

3. 计算工程量　依据施工图纸的详细尺寸及计算公式准确计算工程量。

4. 调整计量单位　按照定额要求调整工程量的计量单位，使计算结果与计算单位相一致，并将结果填入表1-7的“工程数量”栏。

>>> 任务实施

一、园林绿化工程工程量的计算

（1）根据招标文件提供的图纸内容，读图整理出其中的园林绿化工程图纸。

（2）根据园林绿化工程材质的不同进行分类，列出各种类型植被工程的具体项目。

（3）结合预算定额分别填入“工程量计算表”，然后按照工程量计算规则计算各种不同类型植被的工程量。

【例1-4】 图1-3为滨江花园住宅小区1号楼前绿地，试求其定额工程量。

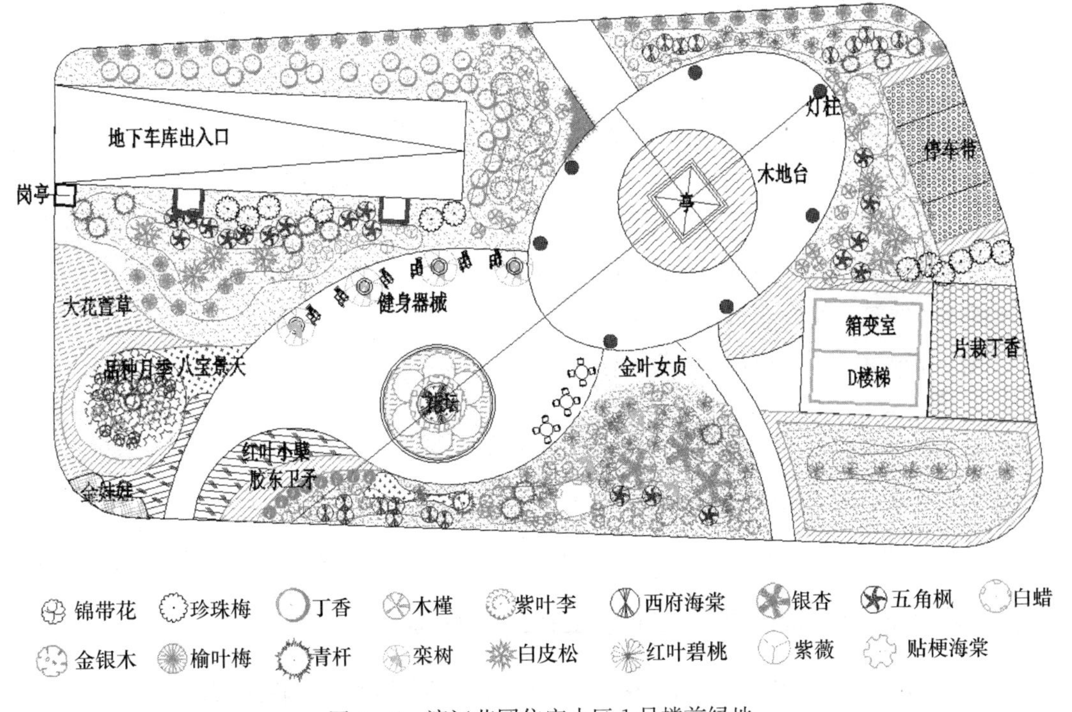

图1-3　滨江花园住宅小区1号楼前绿地

解： 绿地定额工程项目包括整理绿化用地、栽植乔木、栽植灌木、栽植绿篱、栽植色带、铺种草皮，各项目定额工程量分别为：

① 整理绿化用地：1 562.93 m^2。

② 栽植乔木。

栽植乔木（带土球），紫叶李：10株。

栽植乔木（带土球），青杄：16 株。

栽植乔木（带土球），白皮松：28 株。

栽植乔木（带土球），栾树：7 株。

栽植乔木（带土球），五角枫：19 株。

栽植乔木（带土球），银杏：4 株。

栽植乔木（带土球），白蜡：6 株。

③ 栽植灌木。

栽植灌木（带土球），西府海棠：17 株。

栽植灌木（带土球），珍珠梅：12 株。

栽植灌木（带土球），红叶碧桃：43 株。

栽植灌木（带土球），榆叶梅：39 株。

栽植灌木（带土球），紫薇：12 株。

栽植灌木（带土球），金银木：13 株。

栽植灌木（带土球），锦带花：12 株。

栽植灌木（带土球），木槿：23 株。

栽植灌木（带土球），丁香：26 株。

栽植灌木（带土球），贴梗海棠：25 株。

④ 栽植绿篱。

栽植成片绿篱，胶东卫矛：121.78 m^2。

栽植成片绿篱，红叶小檗：50.54 m^2。

栽植成片绿篱，金叶女贞：42.63 m^2。

栽植成片绿篱，丁香：72.30 m^2。

⑤ 栽植色带。

栽植色带木本类，一般图案，品种月季：41.35 m^2。

栽植色带草本类，一般图案，金娃娃萱草：8.87 m^2。

⑥ 铺种草皮：1 562.93－121.78－50.54－42.63－72.30－41.35－8.87＝1 225.46 m^2。

二、堆砌假山及塑制假石山工程工程量的计算

（1）根据招标文件提供的图纸内容，读图整理出其中的假山工程图纸。

（2）根据假山工程材质的不同进行分类，列出各种类型假山工程具体项目。

（3）结合预算定额分别填入“工程量计算表”，然后按照工程量计算规则计算各种不同类型假山的工程量。

【例 1－5】 滨江花园住宅小区绿地中有一单峰黄石石景，高 2.8 m，水平投影如图 1－4 所示，试求其定额工程量。

解：石景定额工程量为 $W_{重}=2.6\times A_{矩}\times H_{高}\times K_n=2.6\times 6\times 2.74\times 2.8\times 0.653=78.153$ t。

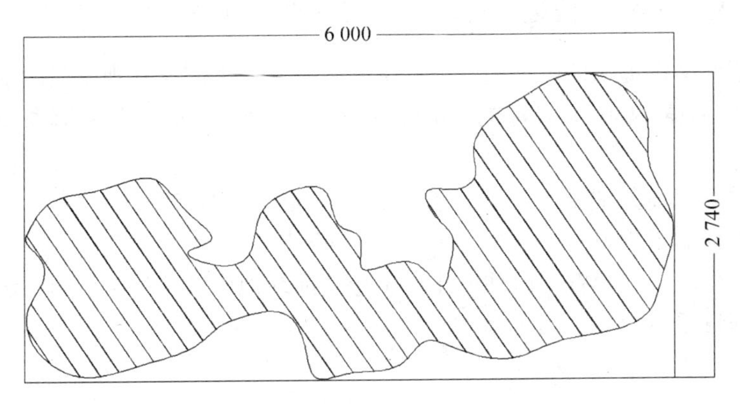

图 1-4　假山结构图（单位：mm）

三、园路及园桥工程工程量的计算

（1）根据招标文件提供的图纸内容，读图整理出其中的园路工程图纸。

（2）根据园路工程结构的不同进行分类，列出各种类型园路工程具体项目。

（3）结合预算定额分别填入“工程量计算表”，然后按照工程量计算规则计算各种不同类型园路的工程量。

【例 1-6】 图 1-5 为滨江花园住宅小区 1 号楼前绿地中卵石园路的结构图，园路长 100 m，宽 1.5 m，试求其定额工程量。

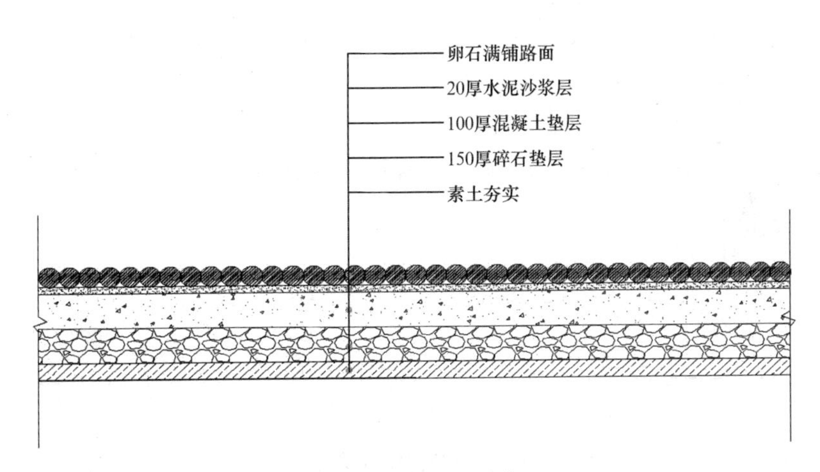

图 1-5　园路结构图（单位：mm）

解： 园路定额工程项目包括卵石满铺路面、150 厚碎石垫层、100 厚混凝土垫层和园路土基整理路床，各项目定额工程量分别为：

（1）卵石满铺路面层：$100\times1.5=150.00\ m^2$。

（2）150 厚碎石垫层：$100\times(1.5+0.05\times2)\times0.15=24.00\ m^3$。

（3）100 厚混凝土垫层：$100\times(1.5+0.05\times2)\times0.1=16.00\ m^3$。

（4）园路土基整理路床：$100\times(1.5+0.05\times2)=160.00\ m^2$。

四、园林景观工程工程量的计算

（1）根据招标文件提供的图纸内容，读图整理出其中的园林景观工程图纸。

（2）根据园林景观工程结构的不同进行分类，列出各种类型园林景观工程具体项目。

（3）结合预算定额分别填入“工程量计算表”，然后按照工程量计算规则计算各种不同类型园林景观工程的工程量。

【例1-7】图1-6为滨江花园住宅小区1号楼前绿地中的花池结构图，试求一个花池砖砌体的定额工程量是多少。

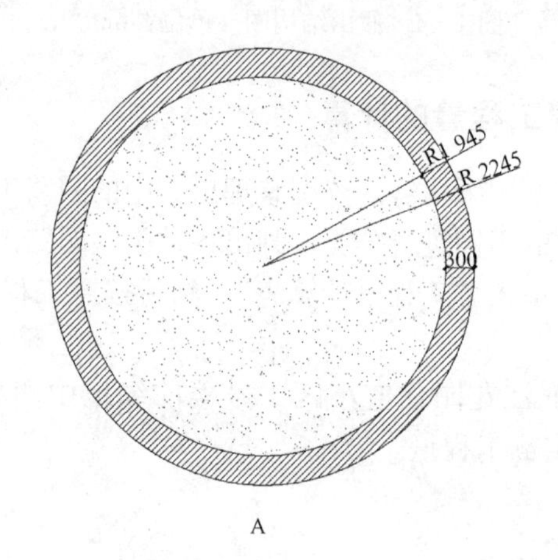

A

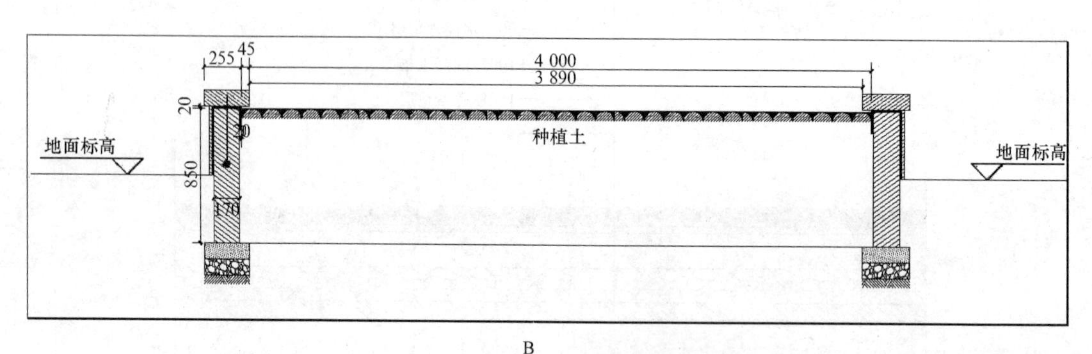

B

图1-6　花池结构图（单位：mm）

A. 花池平面图　B. 花池剖面图

解：花池结构中的砖砌体属于其他砌体，其定额工程量按设计图示尺寸计算体积：

$(0.85-0.02)\times0.17\times[2\pi(1.945+0.15)]=1.856\ m^3$。

>>> 巩固训练项目

图1-7为某小区园林绿化工程施工平面图，园路结构图见图1-5，花池结构图见图1-6，请根据定额工程量计算规则计算其工程量。

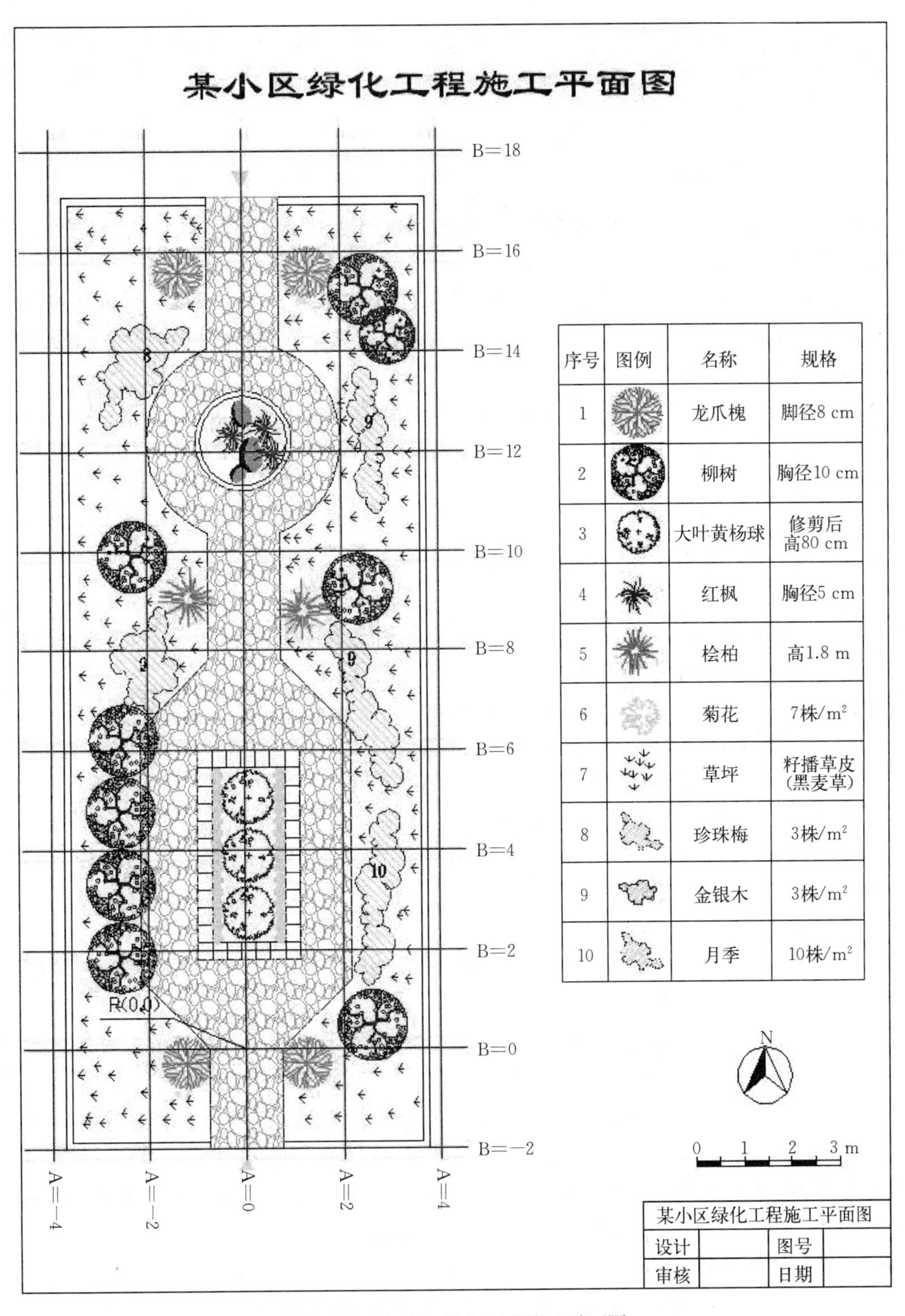

序号	图例	名称	规格
1		龙爪槐	脚径8 cm
2		柳树	胸径10 cm
3		大叶黄杨球	修剪后高80 cm
4		红枫	胸径5 cm
5		桧柏	高1.8 m
6		菊花	7株/m^2
7		草坪	籽播草皮（黑麦草）
8		珍珠梅	3株/m^2
9		金银木	3株/m^2
10		月季	10株/m^2

图 1-7　某小区绿化工程施工平面图

>>> 拓展知识

《园林绿化工程预算定额》(2011 山西省建设工程计价依据)(以下简称《定额》)共包括 6 章 33 节，本定额适用于城市园林和市政绿化工程，也适用于厂矿、机关、学校、宾馆、居住小区的绿化工程。

一、园林绿化工程

园林绿化工程是指《定额》的第一章“整理绿化用地工程”、第二章“绿化工程”、第三章“绿化养护工程”。

1. 概况 《定额》第一章“整理绿化用地工程”设置 6 节 61 个定额子目，内容包括：人工整理绿化用地、挖土方，拆除各种路面、垫层，伐树、挖树根，挖竹根，机械运渣土，屋顶花园基底处理。

《定额》第二章“绿化工程”设置 10 节 251 个定额子目，内容包括：起挖花木及竹类，迁移花木，栽植花木及竹类，铺种草皮，栽植地被植物，假植，摆设花盆，树木支撑及搭设遮阳棚，草绳绕树干，人工换土。

《定额》第三章“绿化养护工程”设置 4 节 129 个定额子目，内容包括：成活养护，保存养护，水体护理、水池清理，树木防寒。

2. 相关规定

(1) 绿地喷灌设施管道安装按“C. 安装工程”相应子目计算。

(2) 苗木计量应符合下列各项规定。

① 胸径。“胸径”(干径)应为地表面向上乔木 1.2 m 高处树干的直径。

② 株高。“株高”应为地表面至树顶端的高度。

③ 冠丛高。“冠丛高”应为地表面至灌木顶端的高度。

④ 篱高。“篱高”应为地表面至绿篱顶端的高度。

⑤ 养护期。“养护期”为绿化植物种植后需要浇水、施肥、打药等保证植物成活需要的养护时间。

3. 计算说明

(1) 整理绿化用地。是指绿化工程施工前的地坪整理，包括：挖土方、拆除各种路面及垫层、伐树挖树根、铲除草皮、挖竹根、渣土外运、屋顶花园基底处理等内容。

(2) 人工换土。是指种植带土球乔、灌木，种植裸根乔、灌木，种植单、双排绿篱，种植草皮、地被植物、花卉、色带，攀缘植物及丛生竹人工换土。

(3) 人工伐树、砍伐灌木丛。人工伐树、砍伐灌木丛是按不挖树根考虑的，如须挖树根，执行挖树根或挖灌木丛根相应项目。

(4) 屋顶花园基底处理。屋顶花园基底处理的防水层，可参照《建筑工程预算定额》相应子目执行；屋顶花园基底处理定额，不包括垂直运输费用。

4. 工程量计算规则

(1) 人工整理绿化用地按设计图示尺寸以平方米计算。

(2) 拆除各种垫层、基础墙以立方米计算；拆除路面以平方米计算。

(3) 伐树、挖树根区分不同直径以株计算。

（4）砍挖芦苇根，铲除草皮以平方米计算。

（5）挖竹根：散生竹区分不同胸径以株计算；丛生竹区分不同根盘直径以丛计算。

（6）渣土外运以立方米计算。

（7）屋顶花园基地处理：回填滤水层以立方米计算；软式透水管分规格以米计算。

二、假山工程

假山工程是指《定额》的第四章“堆砌假山及塑制假石山工程”。

1. 概况 《定额》第四章“堆砌假山及塑制假石山工程”设置4节45个子目，内容包括：人工堆砌土山石、堆砌假山、塑制假石山、驳岸。

2. 计算说明

（1）相关定义。

① 假山。指庭院、园林中选用玲珑剔透或气势雄伟的自然石料，模拟自然山景形象，采用透、漏、瘦等手法，堆叠砌筑而成的人造山石。

② 石峰。指精选特定的自然石，堆砌造型似有飞势、拔地耸立的相对独立的山石，耸拔高度距峰脚底小于2 m，峰底石高度的1/3以内的为石峰。

③ 石笋。指选用特定独石或自然石堆砌形态如笋状的独立体石峰。

④ 景石。指庭院、园林中选用自然石散布点缀的单体石块或小群体石块，包括石峰、石笋下部的护围石体。

（2）相关规定。

① 假山基础。假山基础应执行《山西省建筑工程预算定额》的相应定额。

② 假山高度。假山高度指其基础顶面至主假山石最高点之间的垂距。

③ 室内叠塑假山或作盆景式假山。室内叠塑假山或作盆景式假山执行《定额》相应子目，其定额人工用量乘以系数1.5。

3. 计算规则

（1）堆筑土山丘。堆筑土山丘按设计图示山丘水平投影外接矩形面积乘以高度的1/3，以体积计算。

（2）堆砌假山工程量。堆砌假山工程量（包括石峰、石笋、点石、景石）按实际堆砌的石料以吨计算。

三、园路、园桥工程

园路、园桥工程是指《定额》的第五章“园路及园桥工程”。

1. 概况 《定额》第五章“园路及园桥工程”设置6节60个子目，内容包括：园路路床、园路垫层、园路面层、园桥、园桥栏杆、石台阶。

2. 计算说明

（1）园路。园路垫层缺项可按《山西省建筑工程预算定额》相应项目定额执行，其定额人工用量乘系数1.10；如路沿或路牙所用材料与路面不同时，按相应项目定额分别计算；本《定额》满铺卵石拼花地面是按不分色考虑的，若须分色拼花时，定额人工用量乘以系数1.2。

（2）园桥。园桥如遇缺项可按《山西省建筑工程预算定额》执行，其定额人工用量乘系数1.25；栏杆柱（望柱）制作安装如为斜形或异形时，其定额人工用量乘以系数1.5。

3. 计算规则

（1）园路垫层。园路垫层按设计图示尺寸，两边各放宽 5 cm 乘厚度以立方米计算。

（2）园路面层。各种园路面层按设计图示尺寸，长乘宽以平方米计算。园路面层，应扣除单个面积 0.5 m^2 以上的树池、花坛、沟盖板、须弥座、照壁、香炉基座及其他底座所占面积。不扣除路牙所占面积。

四、园林景观工程

园林景观工程是指《定额》第六章“园林景观工程”。

1. 概况 《定额》第六章“园林景观工程”设置 3 节 49 个子目，内容包括：原木构件、园林桌椅、杂项。

2. 计算说明

（1）原木。原木柱、梁、檩、椽等是指适用于带树皮构件，不适用于刨光的圆形木构件。

（2）飞来椅。现浇混凝土飞来椅只包括扶手、靠背、平盘，不包括预制靠背条的用工及材料。

（3）园林小摆设。系指各种仿匾额、花瓶、花盆、石鼓、座凳及小型水盆、花坛池、花架预制件。

3. 计算规则

（1）原木。原木（带树皮）柱、梁、檩按设计图示尺寸以立方米计算，包括榫长；原木椽按设计图示尺寸以延长米计算。

（2）飞来椅。木制飞来椅按设计图示尺寸以座凳面中心线长度以延长米计算；坐凳平盘按图示尺寸以平方米计算。

（3）园林小摆设。塑松（杉）树皮按一般造型考虑，若为艺术造型（老松皮、寄生、青松皮等），另行计算；若塑金丝竹、黄竹每根长度不足 1.5 m 者，定额人工用量乘以系数 1.5；白色水磨石平凳不包括脚的砌体及抹灰，发生时另行计算。

>>> 评价标准

见表 1-8。

表 1-8 学生计算园林工程工程量的评价标准

评价项目	技术要求	分值	评分细则	评分记录
工程项目	根据图纸和预算定额工具书，准确列出各分项工程项目名称及项目编码	30 分	列项正确完整，缺一项扣 5 分	
工程量计算公式	根据工程量计算规则，准确写出工程量计算公式	40 分	工程量计算口径、规则、计量单位及精度要与规范一致，计算所用原始数据必须和设计图纸相一致。错算、漏算、多算等酌情扣 1～8 分	
工程量	根据工程量计算公式准确计算，并调整计算系数	30 分	工程量答案准确，错一项扣 5 分	

任务2　园林工程定额计价编制

>>> 任务目标

学会园林工程定额计价编制。

>>> 任务描述

能按照园林工程预算定额项目的组成将工程项目与定额内容相匹配，正确套用预算定额，完成工程直接费计算表；明确园林工程各分部工程造价的组成，掌握各种费用的计算方法，会根据直接费计算表按照工程造价技术顺序计算各分部工程造价。

>>> 工作情景

在各分部工程工程量计算的基础上，按照工程计价规范计算出园林绿化工程造价。计算中要明确造价的组成部分，理解相互间的计算关系，明确计算过程中的数据来源，从实际操作过程中总结归纳具体的园林绿化工程项目的计算程序。

>>> 知识准备

一、园林工程预算费用组成

园林工程预算费用由直接费、间接费、利润、税金和其他费用五部分组成。

园林工程造价的各类费用，除定额直接费是按设计图纸和预算定额计算外，其他的费用，应根据国家及地区制定的费用定额及有关规定计算。一般都采用工程所在地区的地区统一费用定额。

1. 直接费　由直接工程费和措施费组成。

（1）直接工程费。是指工程施工过程中耗费的构成工程实体的各项费用，包括人工费、材料费、施工机械使用费。

① 人工费。是指直接从事建筑安装工程施工的生产工人的各项开支费用。内容包括：基本工资、工资性补贴、生产工人辅助工资、职工福利费、生产工人劳动保护费。

② 材料费。是指施工过程中耗用的构成工程实体的原材料、辅助材料、构配件、零件、半成品的费用。内容包括：材料原价、材料运杂费、运输损耗费、采购及保管费。

③ 施工机械使用费。是指施工机械作业所发生的机械使用费、机械安拆费及场外运输费。施工机械台班单价应由下列七项费用组成：折旧费、大修理费、经常修理费、安拆费及场外运输费、人工费、燃料动力费、其他费用。

（2）措施费。是指为完成工程项目施工，发生于该工程施工前和施工过程中的技术、生活、安全等方面的非工程实体项目的费用。

① 环境保护费。是指施工现场为达到环保部门要求所需的各项费用。

② 文明施工费。是指施工现场文明施工所需的各项费用。

③ 安全施工费。是指施工现场安全施工所需的各项费用。

④ 临时设施费用。是指施工企业为进行建筑工程施工所必须搭设的生活和生产用的临时建筑物、构筑物和其他设施的费用等。

临时设施包括：临时宿舍、文化福利及公用事业房屋与构筑物、仓库、办公室、加工厂以及规定范围内的道路、水、电、管线等临时设施和小型临时设施。

⑤ 夜间施工增加费。是指夜间施工所发生的夜班补助费，以及夜间施工降效、夜间施工照明设备摊销及照明用电等费用。

⑥ 材料二次搬运费。是指因施工场地狭小等特殊情况而发生的材料二次搬运费用。

⑦ 冬雨季施工增加费。是指按照施工及验收规范所规定的冬雨季施工要求，为保证冬雨季施工期间的工程质量和安全生产所需增加的费用。包括冬雨季施工增加的程序、人工降效、机械降效、防雨、保温、加热等施工措施费用。

⑧ 停水停电增加费。是指施工现场供水、供电短时中断影响施工所增加的费用（4 h 内）。

⑨ 工程定位复测、工程点交、场地清理费。是指开工前测量、定位、钉龙门板桩及经规划部门派员复测的费用；办理竣工验收、进行工程点交的费用；以及竣工后室内清扫和场地清理所发生的费用。

⑩ 室内环境污染物检测费。是指为保障公众健康，维护公共利益，对民用建筑中由于建筑材料和装修材料产生的室内环境污染物进行检测而发生的费用。

⑪ 检测试验费用。是指对涉及结构安全和使用功能、建筑节能等项目的抽样检测，和对现场的建筑材料、构配件和建筑安装物进行常规性检测检验（含见证检测检验和沉降观测）所发生的费用，包括自设试验室进行试验所耗用的材料和化学药品等费用。不包括新结构、新材料的试验费用和建设单位对具有出厂合格证明的材料进行检验，对构件做破坏性试验及其他特殊要求检验试验的费用。

⑫ 生产工具用具使用费。是指施工生产所需不属于固定资产的生产工具及检验用具等的购置、摊销（使用）和维修的费用，以及支付给工人自备工具的补贴费。

⑬ 施工因素增加费。是指因具有市政工程特点，但又不属于临时设施的范围，并在施工前所能预见到发生的因素而增加的费用。

⑭ 赶工措施费。是指由于建设单位原因，要求施工工期少于合理工期，施工单位为满足工期的要求而采取相应措施所发生的费用。

⑮ 大型机械进出场及安拆费。是指机械整体或分体从停放场地运至施工现场或由一个施工地点运至另一个施工地点，所发生的机械进出场运输及转移费用，以及机械在施工现场进行安装、拆卸所需的人工费、材料费、机械费、试运转费和进行安装所需的辅助设施的费用。

⑯ 混凝土、钢筋混凝土模板及支架费。是指混凝土施工过程中需要的各种模板、支架等的支、拆、运输的费用及模板、支架的摊销（或租赁）费用。

⑰ 脚手架费。是指施工需要的各种脚手架搭、拆、运输的费用及脚手架的摊销（或租赁）费用。

⑱ 已完工程及设备保护费。是指竣工验收前，对已完工程及设备进行保护所需的费用。

⑲ 施工排水、降水费。是指为确保工程在正常条件下施工，采取各种排水、降水措施所发生的费用。

⑳ 垂直运输机械费。是指施工需要的各种垂直运输机械的台班费用。

2. 间接费　是指企业经营层所发生的各项费用，由企业管理费和规费组成。

(1) 企业管理费。是指施工企业为组织施工生产经营活动所发生的管理费用。内容包括：

① 管理人员工资。是指管理人员的基本工资、工资性补贴及按规定标准计提的福利费。

② 办公费。是指企业办公用文具、纸张、账表、印刷、邮电、书报、会议、水、电、燃煤（气）等费用。

③ 固定资产使用费。是指企业属于固定资产的房屋、设备、仪器等折旧及维修等的费用。

④ 差旅交通费。是指企业职工因公出差、工作调动的差旅费，住勤补助费，市内交通及午餐补助费，职工探亲路费，劳动力招募费，离退休职工一次性路费及交通工具的油料、燃料、牌照、养路费等。

⑤ 工具用具使用费。是指企业管理使用的不属于固定资产的工具、用具、家具、交通工具和检验、试验、消防用具等的摊销及维修费用。

⑥ 工会经费。是指企业按职工工资总额的2%计提的工会经费。

⑦ 职工教育经费。是指企业为了让职工学习先进技术和提高文化水平按职工工资总额的1.5%计提的费用。

⑧ 劳动保险费。是指企业支付给离退休职工的退休金（包括提取的离退休职工劳保统筹基金）、价格补贴、医药费、异地安家补助费、职工退职金、六个月以上的病假人员工资、职工死亡丧葬补助费、抚恤费，按规定支付给离休干部的各项经费。

⑨ 职工待业保险费。是指按规定标准计提的职工待业保险费。

⑩ 保险费。是指企业财产保险、管理用车辆等的保险费用。

⑪ 税金。是指企业按规定交纳的房产税、车船使用税、土地使用税、印花税及土地使用税等。

⑫ 其他。包括技术转让费、技术开发费、业务招待费、排污费、绿化费、广告费、公证费、法律顾问费、审计费、咨询费等。

(2) 规费。是指政府和授权部门规定必须交纳的费用。内容包括以下几点。

① 工程排污费。是指施工现场按规定向环保部门交纳的排污费。

② 养老保险费（包括劳动保险费）。是指企业按规定标准为职工交纳的基本养老保险费及劳动保险费。包括企业支付离退休职工的异地安家补助费、职工退职金、六个月以上的病假人员工资、职工死亡丧葬补助费、抚恤费，按规定支付给离休干部的各项经费。

③ 失业保险费。是指企业按照规定标准为职工交纳的失业保险费。

④ 医疗保险费。是指企业按照规定标准为职工交纳的基本医疗保险费。

⑤ 工伤保险费。是指企业按照规定标准为职工交纳的工伤保险费。

⑥ 生育保险费。是指企业按照规定标准为职工交纳的生育保险费。

⑦ 住房公积金。是指企业按规定标准为职工交纳的住房公积金。

⑧ 危险作业意外伤害保险。是指按照建筑法规定，企业为从事危险作业的建筑安装施工人员交纳的意外伤害保险费。

3. 利润　是指施工企业完成所承包工程可获得的盈利。

4. 税金 是指国家税法规定的应计入建筑安装工程造价内的营业税、城市维护建设税、教育费附加和地方教育费附加。

5. 其他费用 是指在现行规定内容中没有包括、但随着国家和地方各种经济政策的推行而在施工中不可避免地发生的费用。如各种材料价格与预算定额的差价、构配件增值税等。一般来讲，材料差价是由地方政府主管部门颁布的，以材料费或直接费乘以材料差价系数计算。

除了以上五种费用构成园林建设工程预算费之外，有些较为复杂、编制预算中未能预先计入的费用，如变更设计、调整材料预算单价等发生的费用，在编制预算中列入不可预计费一项，以工程造价为基数，乘以规定费率计算。

二、工程预算书格式

（1）封面（图 1－8）。
（2）工程预算说明。
（3）工程取费表（表 1－9）。
（4）分项工程预算表（表 1－10）。
（5）工程直接费汇总表（表 1－11）。
（6）人工与主要材料统计表（表 1－12）。

园林工程预算书

建设单位：
工程名称：
绿化面积： m^2
工程造价： 元
单方造价： 元/m^2

编制日期：
主管： 审核： 编制：
编制单位：

图 1－8 园林工程预算书封面

表 1－9　工程取费表

序号	名　　称	计算公式	金　　额
1	直接工程费	按《计价依据》预算定额计算	
2	其中：人工费	按《计价依据》预算定额计算	
3	施工技术措施费	按《计价依据》预算定额计算	
4	其中：人工费	按《计价依据》预算定额计算	
5	施工组织措施费	2×相应费率	
6	其中：人工费	按规定的比例计算	
7	直接费小计	1＋3＋5	
8	企业管理费	（2＋4＋6）×相应费率	
9	规费	（2＋4＋6）×相应费率	
10	间接费小计	8＋9	
11	利润	（2＋4＋6）×相应利润率	
12	动态调整	按规定计算	
13	主材费		
14	税金	（7＋10＋11＋12＋13）］×相应税率	
15	工程造价	7＋10＋11＋12＋13＋14	
	大写	元	

表 1－10　分项工程预算表

工程名称：　　　　　　　　　　　　　　　　　　　　年　　月　　日

序号	定额编号	工程项目	工程量		造价（元）		其中			备注
			单位	数量	单价	合价	人工费（元）	材料费（元）	机械费（元）	
	合　计									

表 1－11　工程直接费汇总表

工程名称：　　　　　　　　　　　　　　　　　　　　年　　月　　日

序号	分部工程项目	直接费合计（元）	其　　中		
			人工费（元）	材料费（元）	机械费（元）
	合　计				

表 1-12　人工与主要材料统计表

工程名称：　　　　　　　　　　　　　　　　　　　　　　　　　　　　　　年　　月　　日

序号	定额编号	工程项目	工程量	人工		材料名称			

三、园林工程预算编制依据与步骤

1. 园林工程预算编制的依据

（1）相关图纸。经过会审批准的施工图纸、标准图、通用图等有关资料。这些资料规定了工程的具体内容、结构尺寸、技术特性、规格、数量，是计算工程量的主要依据。

（2）相关定额及标准。园林工程预算定额、地区材料预算价格及有关材料调价的规定、人工工资标准、施工机械台班单价、园林工程费用定额，以及其他有关收费文件，这些资料是计价的主要依据。

（3）施工组织设计。是确定单位工程施工方法、主要技术措施以及现场平面布置的技术文件，经过批准的施工组织设计，也是编制工程预算不可缺少的依据。

（4）预算工作手册。手册中包括各种单位的换算比例，各种形体的面积、体积公式，金属材料的比重，各种混合材料的配合比，以及材料手册，五金手册，木材材积表等资料，有了这些资料，可加快工程量计算的速度，提高工作效率和准确程度。

（5）国家及地区颁发的有关文件。国家或地区各有关主管部门制定颁发的有关编制工程预算的各种文件和规定，如人工与材料的调价、新增某种取费项目的文件等，都是编制工程预算时必须遵照执行的依据。

（6）甲乙双方签订的合同或协议书。

2. 园林工程预算编制的步骤　编制园林工程预算一般需要经过以下步骤。

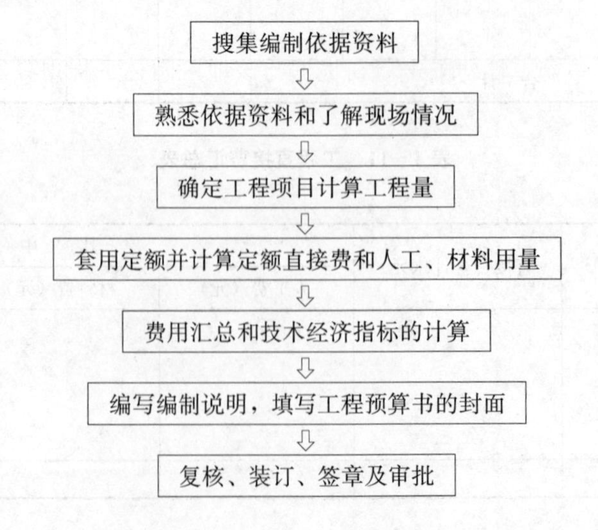

（1）搜集编制工程预算各类依据资料。如预算定额、材料预算价格、机械台班费、工程施工图及有关文件等。

（2）熟悉施工图纸和施工说明书。设计图纸和施工说明书是编制工程预算的重要基础资料，它们为选择套用定额子目、取定尺寸和计算各项工程量提供重要的依据，因此，在编制预算之前，必须对设计图纸和施工说明书进行全面细致的熟悉和审查，从而掌握及了解设计意图和工程全貌，以免在定额子目选用和工程量计算上发生错误。对图中的疑点、差错要与设计单位、建设单位协商解决，取得一致意见。

（3）熟悉施工组织设计和了解现场情况。施工组织设计是由施工单位根据工程特点，施工现场的实际情况等各种有关条件编制的，它是编制预算的依据。同时，还应深入施工现场，了解土质、排水、标高、地面障碍物等情况，这样在编制工程预算时才能做到项目齐全，计量准确。

（4）学习并掌握好工程预算定额及其有关规定。为了提高工程预算的编制水平，正确地运用预算定额及其有关规定，必须认真地熟悉现行预算定额的全部内容，了解和掌握定额子目的工程内容、施工方法、材料规格、质量要求、计量单位、工程量计算规则等，以便能熟练地查找和正确地应用。

（5）确定工程项目计算工程量。工程项目的划分及工程量计算，必须根据设计图纸和施工说明书提供的工程构造，设计尺寸和做法要求，结合施工现场的施工条件，按照预算定额的项目划分，工程量的计算规则和计量单位的规定，对每个分项工程的工程量进行具体计算。

（6）编制工程预算书。

① 正确套用定额并计算定额直接费和人工、材料用量。把确定的分项工程项目及其相应的工程数量抄入工程预算表中，然后从地区统一定额中套用相应的分项工程项目，并将其定额编号、计量单位、预算定额基价，以及其中的人工费、材料费、机械费填入表1－10中。将工程量和单价相乘汇总，即得出分项工程的定额直接费，最后将各分顶工程定额直接费填入表1－11中即得出定额直接费。人工与主要材料的定额用量分别与工程量相乘即得到人工和材料用量，填入表1－12中，以便计算人工与材料价差。

填写预算单价时要严格按照预算定额中的子目及有关规定进行，使用的单价要正确，每一分项工程的定额编号、名称、规格、计量单位、单价均应与定额要求相符，要防止错套，以免影响预算的质量。

② 费用汇总。定额直接费确定后，根据与该地区园林工程预算定额相配套的费用定额（取费标准），以定额直接费或人工费为基数，计算出其他直接费、间接费、利润和税金等，最后汇总出工程总造价。计算顺序按“造价计算顺序表”（表1－13或表1－14）进行。计算费用时，一定要正确掌握计算顺序、取费基数和费率。

表1－13　园林工程预算造价计算顺序表

序号	项目名称	计算式	备　注
一	直接工程费	按定额计算	表1－11中直接费汇总
二	施工技术措施费	按定额计算	
三	施工组织措施费	（一）×园林工程规定费率	按园林工程其他直接费标准表确定

（续）

序号	项目名称	计算式	备注
四	直接费小计	(一)+(二)+(三)	
五	间接费	(四)×各类别工程规定费率	按园林工程综合间接费标准表确定
六	费用合计	(四)+(五)	
七	利润	(六)×相应费率	按园林工程利润率标准表确定
八	税金	[(六)+(七)]×相应费率	根据园林工程所在地选择相应的费率
九	其他费用		按合同与签证等为准
十	总造价	(六)+(七)+(八)+(九)	

注：以直接费为取费基数。

表1-14 绿化种植工程造价计算顺序表

序号	项目名称	计算式	备注
一	直接工程费	按定额计算	表1-11中直接费汇总
1	其中：人工费	直接工程费中人工费之和	表1-11中人工费合计
二	施工技术措施费	按定额计算	
2	其中：人工费	施工技术措施费中人工费之和	
三	施工组织措施费	(1)×绿化工程规定费率	按绿化种植工程其他直接费标准表确定
3	其中：人工费	按规定的比例计算	
四	直接费小计	(一)+(二)+(三)	
五	间接费	[(1)+(2)+(3)]×各类别工程规定费率	按绿化种植工程综合间接费标准表确定
六	利润	[(1)+(2)+(3)]×相应费率	按绿化种植工程利润率标准表确定
七	税金	[(四)+(五)+(六)]×费率	根据工程所在地选择相应的费率
八	其他费用		按合同与签证等为准
九	总造价	(四)+(五)+(六)+(七)+(八)	

注：以人工费为取费基数。

>>> 任务实施

一、收集资料

收集编制工程预算需要的各类依据资料。如预算定额、材料预算价格、机械台班费、工程施工图及有关文件等。

二、熟悉图纸及施工说明书

熟悉设计图纸及施工说明书，掌握及了解工程内容。

三、熟悉施工组织设计及现场

根据施工组织设计方案，模拟施工现场，了解土质、排水、标高、地面障碍物等情况。

四、确定工程项目

严格按定额的项目确定工程项目，参照“项目1-子项目1-任务3园林工程项目的划分”的实施方法。

五、计算工程量

根据确定的工程项目名称，依据预算定额规定的工程量计算规则，依次计算出各分项工程量，填入表1-10中。

六、编制工程预算书

1. 正确套用定额并计算定额直接费和人工、材料用量　依据园林绿化工程预算定额工具书完成表1-10～表1-12。

2. 费用汇总　依据建设工程费用定额完成表1-13或表1-14。

七、编写说明及填写封面

1. 编写说明　预算说明的内容主要包括：(1) 图纸依据；(2) 依据定额；(3) 工程概况；(4) 计算过程中图纸上的不明确之处，如何处理；(5) 补充定额和换算定额的说明；(6) 建设单位供应的加工半成品的预算处理；(7) 其他必须说明的有关问题等。

2. 填写封面　工程预算书的封面通常需要填写的内容有：工程编号及名称、建设单位名称、施工单位名称、建设规模、工程预算造价、编制单位及日期、编制人及其资格章等。

八、复核、装订、签章及审批

商务经理对所编制预算的主要内容及计算情况进行检查核对，审核无误后把预算封面、编制说明、工程预算表按顺序编排，装订成册，项目经理审阅、签字、加盖公章后，经上级机关批准，送交建设单位和建设银行审批。

>>> 巩固训练项目

完成“项目1-子项目2-任务1巩固训练项目”中的工程预算书（定额计价）。

>>> 拓展知识

1. 山西省建设工程计价依据——建设工程费用定额。
2. 山西省建设工程计价依据——园林绿化工程预算定额。
3. 山西省建设工程计价依据——建筑工程预算定额。

>>> 评价标准

见表 1 - 15。

表 1 - 15　学生编制园林工程定额计价的评价标准

评价项目	技术要求	分值	评分细则	评分记录
工程项目	工程项目列项完整，项目编码、项目名称正确	10分	列项正确完整，缺一项扣5分	
工程量计算	工程量计算口径、规则、单位及精度要与规范一致，计算所用原始数据必须和设计图纸相一致	25分	工程量答案准确，错一项扣5分	
定额套入	正确套用工程定额	30分	定额套入完整无误，错套、漏套、多套等酌情扣1～8分	
项目汇总	项目费用完整，计算正确	25分	项目费用完整无误，错套、漏套、多套等酌情扣1～8分	
报表	报表规范完整，资料归档，装订整齐	10分	报表内容完整，缺一项酌情扣1～5分	

任务 3　运用园林工程预算软件编制园林绿化工程预算书

>>> 任务目标

会运用园林工程预算软件编制园林绿化工程预算书。

>>> 任务描述

结合具体的园林绿化工程项目，按照工程项目的总说明要求与工程图纸内容，运用预算软件按照工料单价法编制园林绿化工程造价。

>>> 工作情景

运用预算软件按照工料单价法操作程序编制工程预算书，同时把握好预算过程中的关键内容：按照图纸做好量的确定工作；根据市场信息收集材料价格；根据工程信息与实地情况确定工程费用内容；最后能根据项目要求打印相关预算表格等。

>>> 知识准备

一、计算机软件介绍

园林工程预算软件有定额计价软件和清单计价软件，定额计价是最基本的一种计价，它是根据招标文件，按照各地区省级建设行政主管部门发布的建设工程“预算定额”中的“工

程量计算规则”，同时参照省级建设行政主管部门发布的人工工日单价、机械台班单价、材料以及设备价格信息及同期市场价格，计算出直接工程费，再按规定的计算方法计算措施费、企业管理费、规费、利润、税金，汇总确定建筑安装工程造价的一种计价方式。现在市场上常用的有筑业、神机妙算、筑龙、鲁班、广联达等软件公司研发的计价软件。

二、园林工程预算软件的应用

全国各省所用的园林工程预算软件都不同，但基本操作都大同小异，学会了一种软件的使用方法，其他软件也能很快掌握。本节主要以北京广联达软件开发有限公司的“广联达计价软件 GBQ4.0”为例，结合山西省定额标准进行计价软件使用的介绍。各个地区在本节教学过程中请根据该地区常用预算软件进行讲解。

1. 安装与运行　打开计算机电源，进入 Windows98/XP 操作系统；将“Glodon 广联达软件”安装光盘插入光驱。稍等片刻，屏幕上会自动出现软件安装文件夹，选择进行软件自动安装。双击后，出现软件安装界面（图 1－9），我们需要安装“广联达造价业务产品（图形钢筋安装精装计价）”和“广联达加密锁程序”两个选项，在主机的 USB 接口处，插上一把“加密锁”才能使用，否则打不开软件。

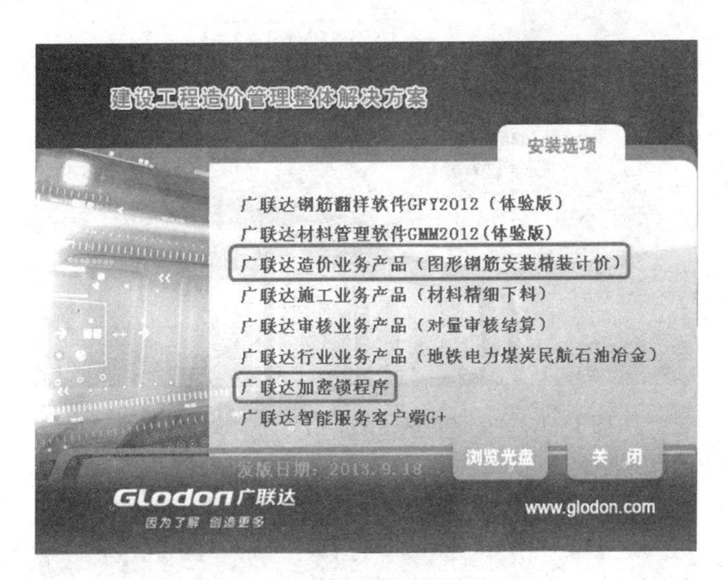

图 1－9　“广联达软件安装”界面

（1）安装广联达计价软件 GBQ4.0。

① 安装软件。点击“广联达造价业务产品（图形钢筋安装精装计价）”进行安装，在弹出的窗口中选择“安装广联达图形钢筋计价软件”（图 1－10），稍许等待后将弹出软件“安装选项”界面，如图 1－11 所示。

② 组件安装。勾选需要安装的内容，单击“下一步”，进入“其他选项”页面，选择需要安装的选项，点击“下一步”按钮，开始安装所选组件。

【注意事项】软件默认安装路径为“C 盘：\ Program Files \ Grandsoft \ ”，可以通过“选择文件夹（S）”按钮来修改默认的安装路径；组价名称前打勾则表示安装该组价，不打勾则表示不安装该组件。

③ 安装完成。安装完成后会弹出如图 1－12 所示窗口，点击“完成”按钮即可完成安装。

(2) 安装广联达加密锁。

① 安装加密锁。在软件正确安装完成后，返回图 1－9 选择“广联达加密锁程序”选项，自动弹出加密锁安装向导界面，如图 1－13 所示。

② 安装完成。按照“安装向导”提示点击相应按钮，即可完成“加密锁程序”的安装（图 1－14）。

“广联达计价软件 GBQ4.0”安装完成后，自动生成运行图标广联达计价软件...，插好广联达 GBQ4.0“加密锁”，用鼠标左键双击桌面快捷图标广联达计价软件...，即可打开“广联达计价软件 GBQ4.0（山西版）”。

图 1－10 “安装广联达图形钢筋计价软件”界面

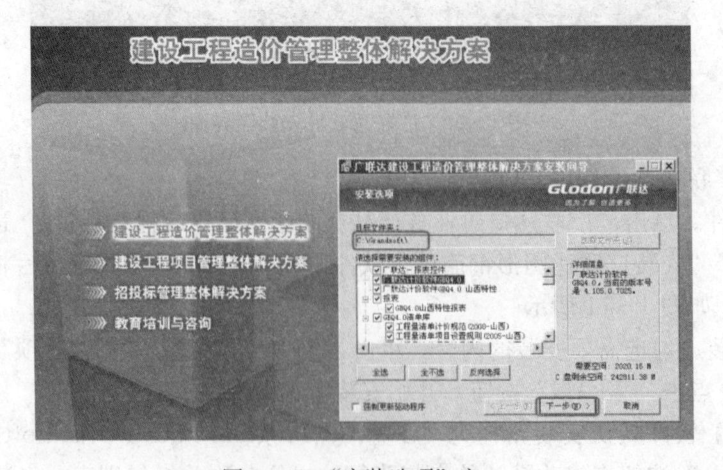

图 1－11 “安装选项”窗口

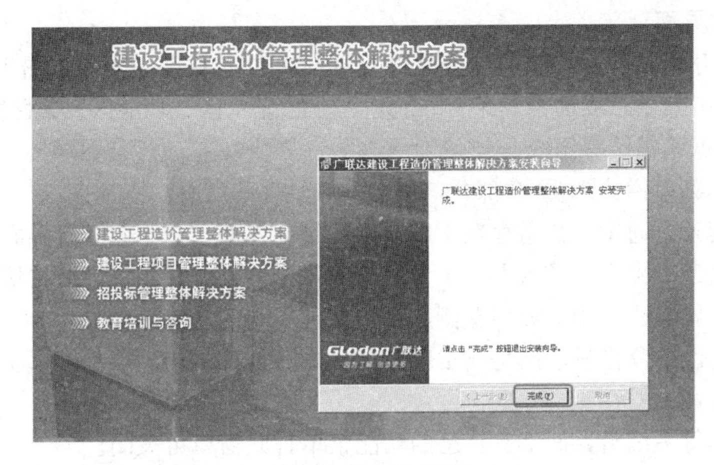

图1-12 "软件安装完成"窗口

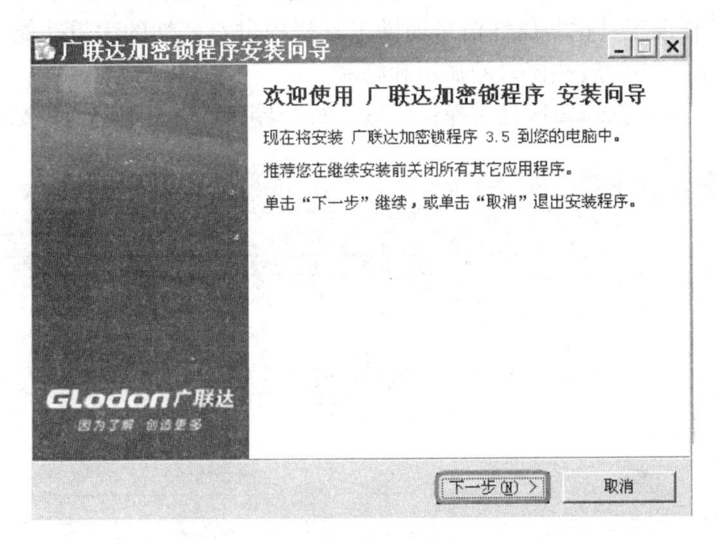

图1-13 "加密锁程序安装向导"界面

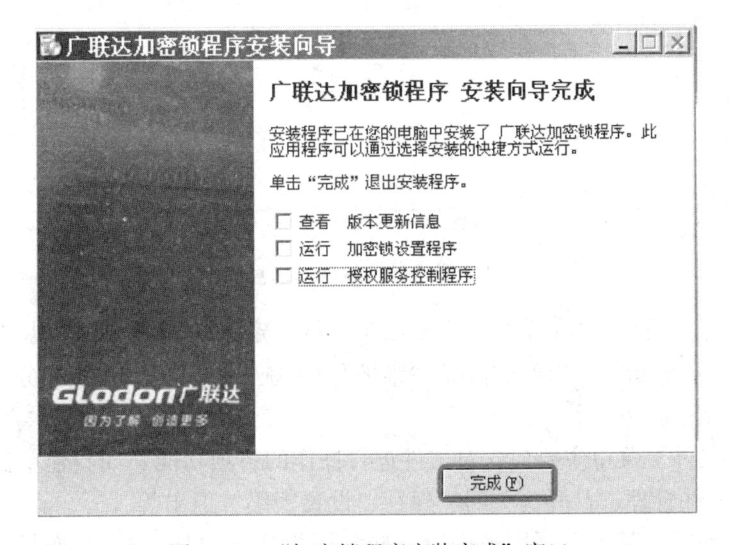

图1-14 "加密锁程序安装完成"窗口

2. 软件操作界面

（1）主界面介绍。打开广联达计价软件 GBQ4.0 进入软件主界面（图 1－15）。其主要由菜单栏、通用工具条、界面工具条、导航栏、分栏显示区、功能区、属性窗口、属性窗口辅助工具栏、数据编辑区等组成。

① 菜单栏。菜单栏分为 12 个部分，集合了该软件的所有功能和命令。

② 通用工具条。通用工具条存在于导航栏的每个界面，它不会随着界面的切换而变化。

③ 界面工具条。界面工具条存在于导航栏的每个界面，会随着界面的切换而变化。

④ 导航栏。导航栏位于主界面左侧，可切换到不同的编辑界面。

⑤ 分栏显示区。分栏显示区是显示整个项目下的分部结构，点击分部实现按分部显示，可关闭此窗口。

⑥ 功能区。每一编辑界面都有自己的功能菜单，此窗口可关闭。

⑦ 属性窗口。属性窗口是显示功能菜单的属性窗口，此窗口可隐藏。

⑧ 属性窗口辅助工具栏。属性窗口辅助工具栏提供对属性的编辑功能，根据属性菜单的变化而更改内容，跟随属性窗口的显示和隐藏。

⑨数据编辑区。数据编辑区是主操作区域，每个界面都有自己特有的数据编辑界面。

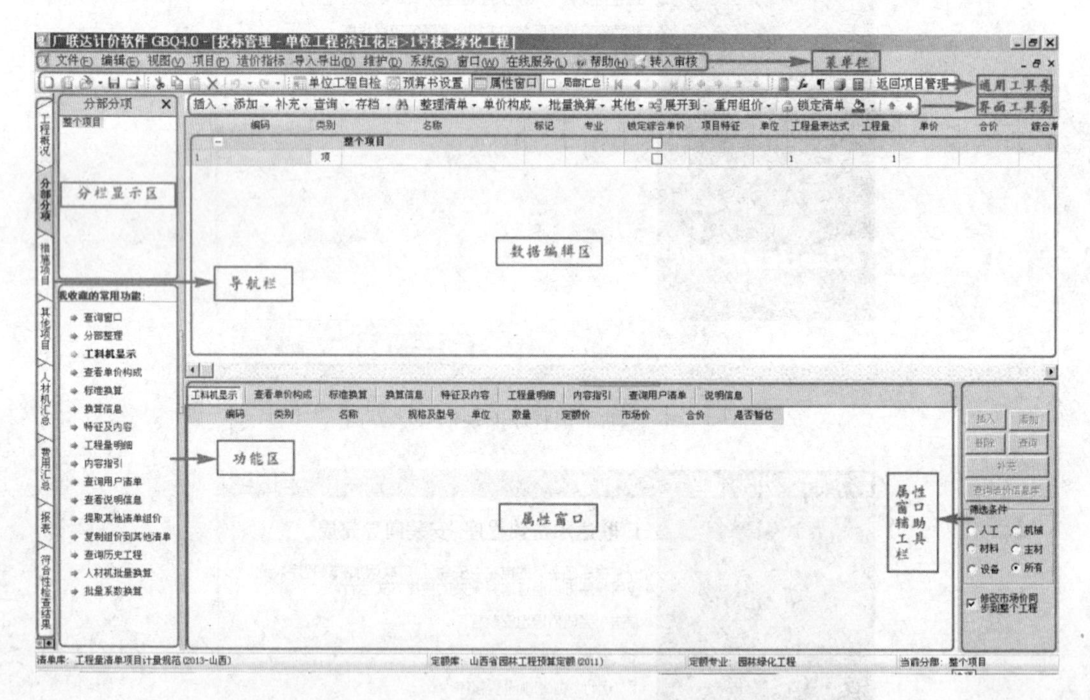

图 1－15 “广联达计价软件 GBQ4.0”主界面

（2）软件菜单栏介绍。“菜单栏”主要用于执行一定的功能和指令，由“文件”“编辑”“视图”“项目”“造价指标”“导入导出”“维护”“系统”“窗口”“在线服务”“帮助”“转入审核”12 个部分组成。

① 文件。“文件”菜单主要包含对文件进行操作的各项功能，如新建单位工程、新建项目/标段、工程文件管理、打开、关闭、保存、设置密码、退出等。

② 编辑。“编辑”菜单主要用来进行一些常用操作，包括：撤销/恢复，剪切/复制/粘

贴/删除。

③ 视图。“视图”菜单主要是进行工具条显示和隐藏的编辑。

④ 项目。“项目”菜单主要是对单位工程的预算设置，如预算书设置、调整子目工程量、调整人材机单价、调整人材机含量、调整工程造价、生成工程量清单等。

⑤ 造价指标。“造价指标”菜单主要是对项目文件进行指标分析。

⑥ 导入导出。“导入导出”菜单下的项目是计价软件与外部数据传输的接口，可以导入Excel 文件、导入单位工程、导入广联达算量工程文件。

⑦ 维护。“维护”菜单用于维护定额库、人材机、费率等有关数据。

⑧ 系统。“系统”菜单主要是用来设置界面的显示风格。

⑨ 窗口。“窗口”菜单可以编辑多个文件的显示方式及显示当前文件信息。

⑩ 在线服务。“在线服务”菜单可以进行在线答疑、在线视频、下载资料、信息咨询、检查更新。

⑪ 帮助。“帮助”菜单可以查看软件的使用说明及功能讲解，并可以了解软件版本及注册信息。

⑫ 转入审核。“转入审核”菜单可以将计价文件转入审核软件进行审核。

（3）软件通用工具条介绍。广联达计价软件 GBQ4.0 通用工具条存在于导航栏的每个界面，共由六组工具条组成。如图 1－16 所示。

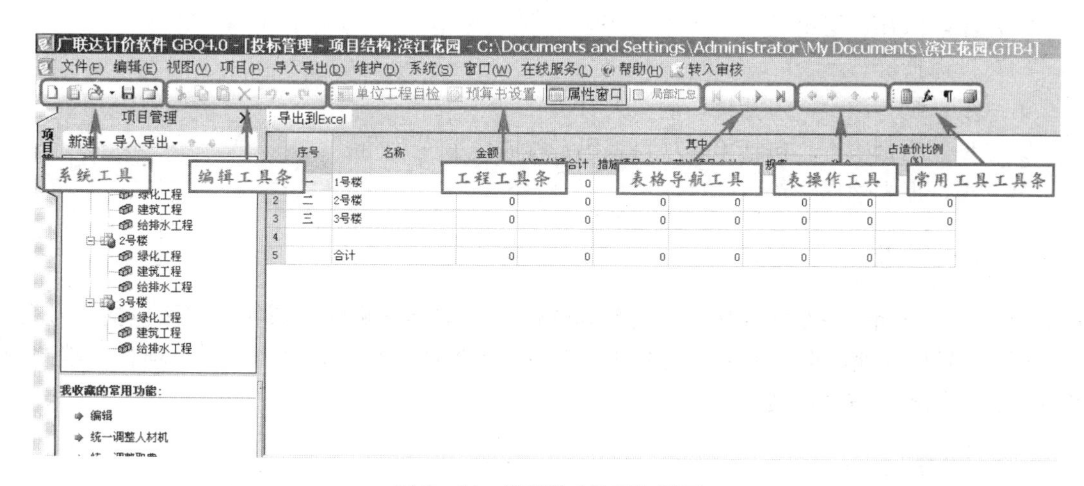

图 1－16　“通用工具条”界面

① 系统工具条。从左到右各个按钮分别代表新建单位工程、新建项目或标段、打开、保存、关闭。

② 编辑工具条。主要是用来进行一些常用操作，从左到右分别为剪切/复制/粘贴/删除/撤销/恢复。

③ 工程工具条。主要是对工程的设置操作，包括符合性检查、预算书设置、属性窗口、局部汇总。

④ 表格导航工具条。主要是用来进行光标定位操作，所表示的内容依次是：第一行/前一行/下一行/最后一行。

⑤ 表操作工具条。主要是进行一些常用操作：升级/降级，上移/下移。

⑥ 常用工具工具条。主要是进行工程编辑时的一些辅助工具，包括计算器、图元公式、特殊符号、土石方折算。

3. 工程量定额计价编制

（1）建立项目。

第一步，启动软件。

第二步，新建项目工程。

第三步，建立项目结构。

第四步，填写项目信息。

（2）编制单位工程文件。

第一步，进入单位工程。

第二步，填写工程概况。

第三步，预算书设置。

第四步，预算书编辑。

第五步，措施项目编辑。

第六步，人材机汇总。

第七步，费用汇总。

第八步，报表。

第九步，保存、退出。

（3）投标报价。

第一步，统一调价，包括统一调整人材机。

第二步，项目检查，包括检查项目编码；检查定额工程量。

第三步，报表输出。

>>> 任务实施

现以滨江花园住宅小区为例来说明预算软件的基本操作步骤。该住宅小区包括 1 号楼、2 号楼和 3 号楼绿地，根据施工图纸编制施工预算。整体操作流程分为：建立项目、编制预算文件及投标报价三个阶段。

一、建立项目

园林工程施工图预算编制前，首先建立工程项目。

1. 启动软件 双击桌面上的广联达计价软件 GBQ4.0 图标，在弹出的界面中选择工程类型为【定额计价】，再点击【新建项目】（图 1－17），软件会进入“新建标段”界面，如所示 1－18 所示。

2. 新建标段工程 在“新建标段工程”界面，选择定额计价【预算】，选择【地区标准】，输入定额库序列、项目名称、项目编码、建设单位等信息，点击“确定”完成新建项目，进入项目管理界面。如图 1－18 为新建的滨江花园住宅小区绿化工程。

3. 建立项目结构 项目结构的建立主要包含新建单项工程、新建单位工程。

（1）新建单项工程。在“项目管理”界面（图 1－19），点击【新建单项工程】，软件进入新建单项工程界面（图 1－20），输入单项工程名称后，点击【确定】即可完成一个单项

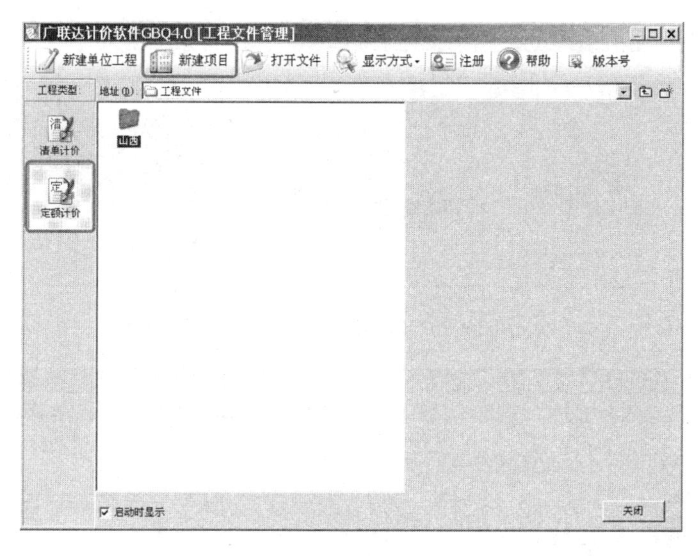

图1-17　“工程文件管理”界面

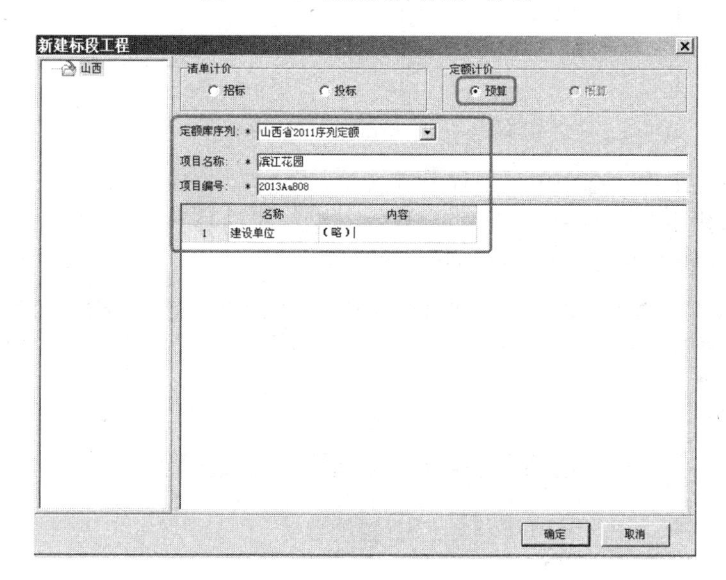

图1-18　“新建标段工程”界面

工程的新建，新建的单项工程就会显示在项目的下一级。用同样的方法建立项目工程的其他单项工程，如图1-21为滨江花园项目结构界面。

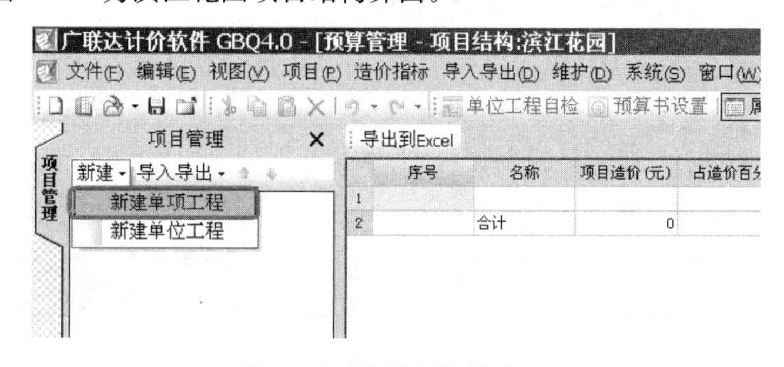

图1-19　“项目管理”界面

新建单项工程

工程名称：1号楼

确定　取消

图 1-20 “新建单项工程”界面

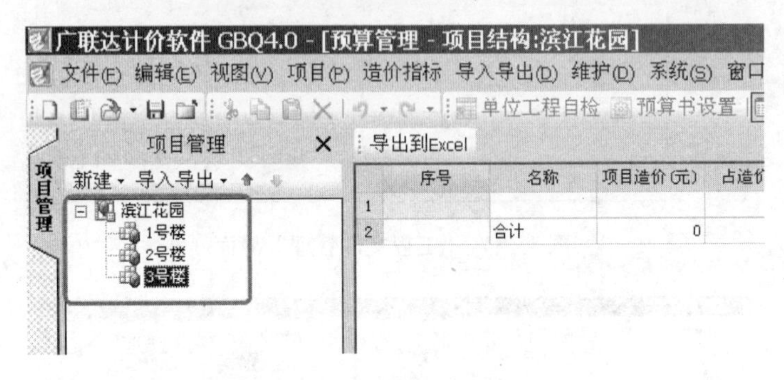

图 1-21 滨江花园项目结构界面 1

（2）新建单位工程。选中单项工程节点（如 1 号楼），点击【新建】→【新建单位工程】或右键选择【新建单位工程】，软件进入单位工程新建向导界面，如图 1-22 为“滨江花园-1号楼-绿化工程”单位工程新建向导界面。

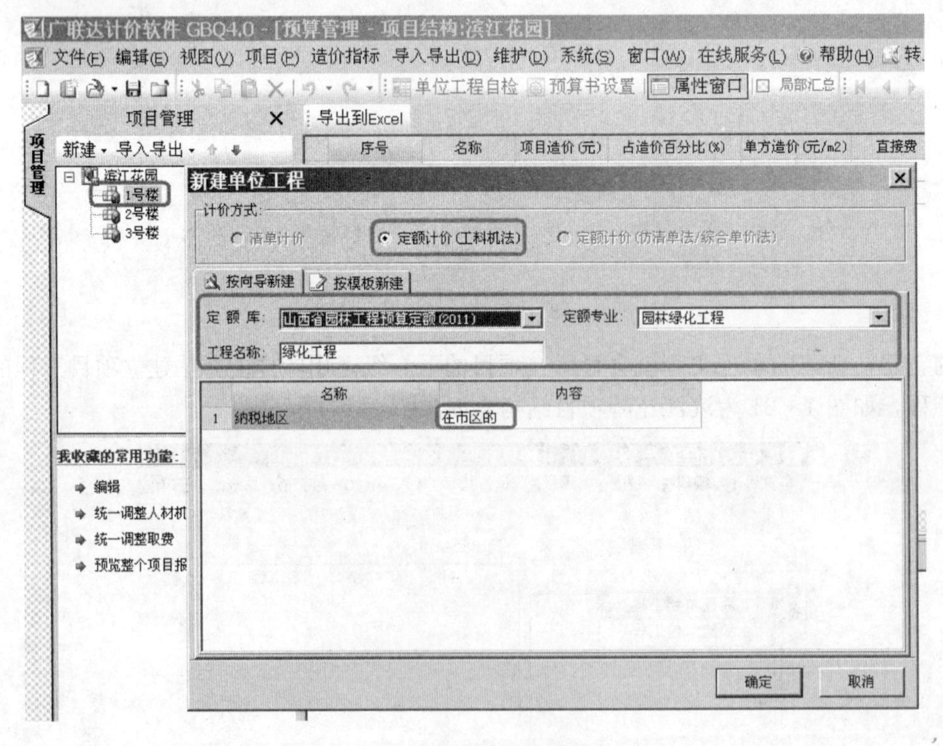

图 1-22 “单位工程新建向导”界面

在单位工程新建向导界面确认计价方式，按向导新建。在对话框中选择单位工程组价所需要的清单库、清单专业、定额库、定额专业等信息，输入工程名称，选择纳税地区，点击【确定】即建好一个单位工程，单位工程直接显示在单项工程的下一级，如图1-23所示。

按照以上方法分别新建1号楼、2号楼、3号楼的单位工程，如图1-24所示。

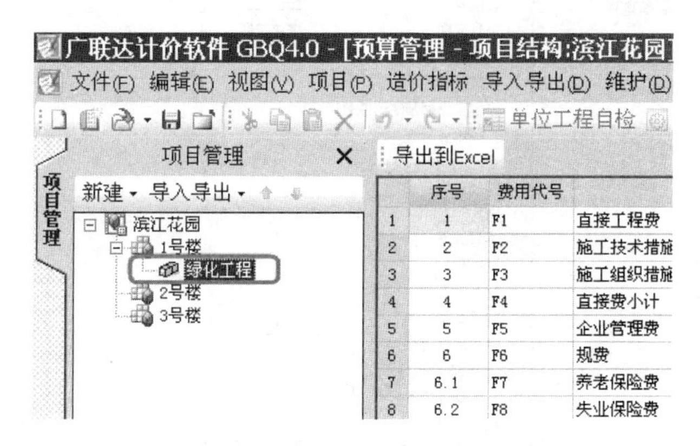

图1-23 滨江花园项目结构界面2

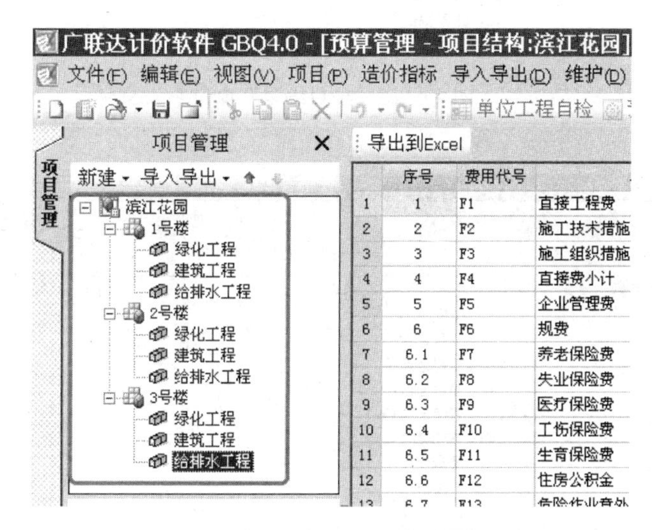

图1-24 滨江花园项目结构界面3

4. 工程编辑 项目工程文件建立完成后，需要分别编制项目相关信息、单项工程、单位工程文件。

（1）项目编辑。在“项目管理”界面选中项目名称（滨江花园），点击下方功能区【编辑】或双击项目名称即可进入项目编辑窗口，如下图1-25所示。

“项目信息”界面应根据工程实际情况进行填写，系统会自动反映到对应的报表中；“项目汇总”界面可用来查看各个单项工程的数据汇总；“报表”界面是最终成果的体现，可以对报表进行编辑设计。

（2）单项工程编辑。在“项目管理”界面选中单项工程名称（1号楼），点击下方功能区【编辑】或双击项目名称即可进入单项工程编辑窗口，如图1-26所示。

“工程信息”界面应根据工程实际情况进行填写，系统会自动反映到对应的报表中；“报

广联达计价软件 GBQ4.0 - [预算管理 - 编辑项目:滨江花园]

文件(F) 编辑(E) 视图(V) 项目(P) 造价指标 导入导出(D) 维护(D) 系统(S) 窗口(W) 在

单位工程自检 预算书设置 属性

项目信息 项目汇总 报表

项目信息

	名称	内容
1	合同号	2013Aa808
2	项目名称	滨江花园
3	投标人	
4	法定代表人	
5	造价工程师及注册证号	
6	工程地点	
7	建筑面积(m2)	
8	管线长度(m)	
9	结构类型	
10	质量标准	
11	开工日期	
12	竣工日期	
13	建设单位	(略)
14	建设单位负责人	
15	设计单位	
16	设计单位负责人	
17	施工单位	
18	编制人	
19	审核人	
20	编制日期	
21	计量指标	

图 1-25 “项目编辑”窗口

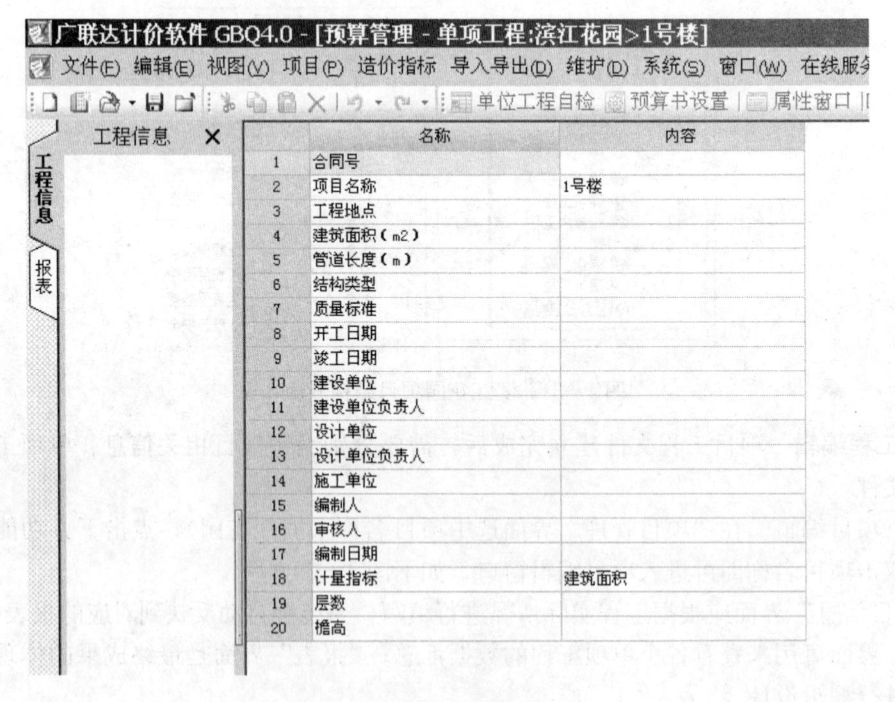
广联达计价软件 GBQ4.0 - [预算管理 - 单项工程:滨江花园>1号楼]

文件(F) 编辑(E) 视图(V) 项目(P) 造价指标 导入导出(D) 维护(D) 系统(S) 窗口(W) 在线服务

单位工程自检 预算书设置 属性窗口

工程信息 报表

工程信息

	名称	内容
1	合同号	
2	项目名称	1号楼
3	工程地点	
4	建筑面积(m2)	
5	管道长度(m)	
6	结构类型	
7	质量标准	
8	开工日期	
9	竣工日期	
10	建设单位	
11	建设单位负责人	
12	设计单位	
13	设计单位负责人	
14	施工单位	
15	编制人	
16	审核人	
17	编制日期	
18	计量指标	建筑面积
19	层数	
20	檐高	

图 1-26 “单项工程编辑”窗口

表”界面是查看编辑单项工程的报表。

(3) 单位工程编辑。在“项目管理”界面选中单位工程名称（1 号楼-绿化工程），点击

下方功能区【编辑】或双击项目名称即可进入单位工程编辑窗口，如图 1－27 所示。

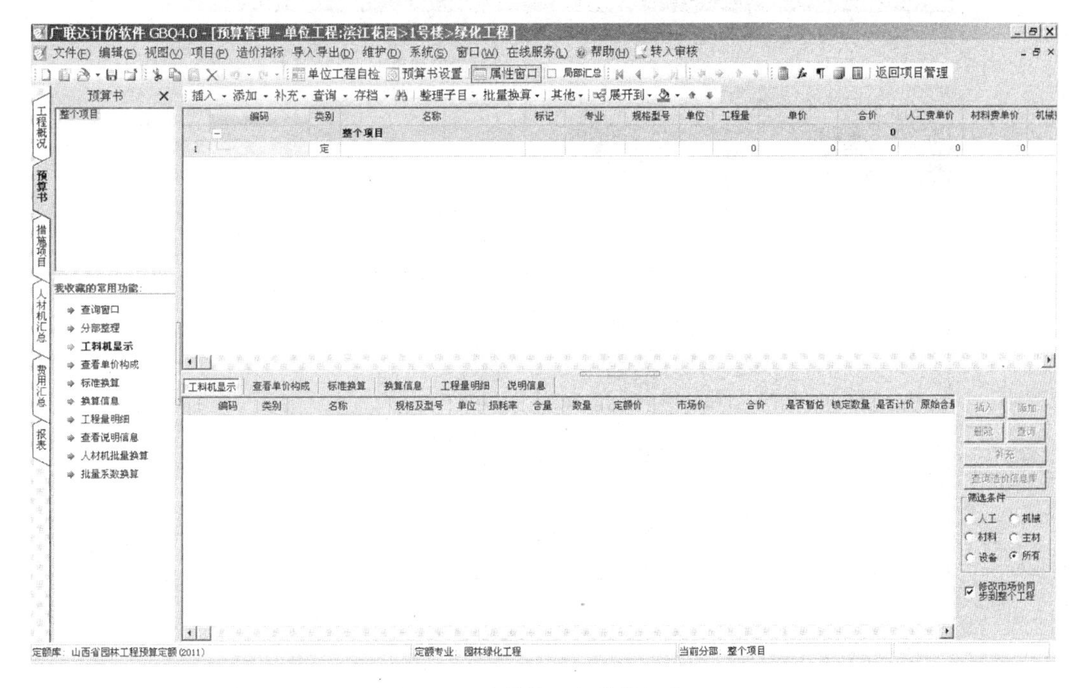

图 1－27 “单位工程编辑”窗口

二、编制预算文件

工程项目建立后，开始编制单位工程预算文件。现以“1 号楼-绿化工程”预算文件为例（1 号楼绿地工程项目主要包括绿化工程、建筑工程、给排水工程），介绍软件操作。

1. 进入单位工程　在项目管理窗口选择要编辑的单位工程“1 号楼-绿化工程”，双击，进入“单位工程编辑”窗口，如图 1－27 所示。

2. 填写工程概况　点击【工程概况】，进入工程概况界面，工程概况包括工程信息、工程特征及指标信息。根据工程实际情况分别填写“工程信息”“工程特征”等信息栏下的信息内容（图 1－28），填写完成后，封面及报表会自动关联这些信息。

【注意事项】工程概况下的“指标信息”栏显示工程总造价、单方造价、预算书直接费、措施项目费等内容，系统根据操作者编制预算时输入的资料自动计算，在此页面上的信息是不可以手工修改的。

3. 预算书设置　在预算书编制之前，应先设置系统参数、选择录入的方式及所需要的功能。点击工具栏中的预算书设置按钮，进入“预算书属性”界面（图 1－29），分别对预算书属性进行设置。

点击“预算书属性”界面下的“系统选项”，弹出“系统选项”窗口，分别对系统参数进行设置，选择输入的方式及所需要的功能，如图 1－30 所示。

4. 预算书编辑　点击导航栏中的“预算书”按钮，进入“预算书”编制页面，进行“滨江花园- 1 号楼-绿化工程”预算书的编制与组价。

（1）预算录入。定额子目的录入方法比较多，介绍广联达计价软件常用的四种清单项目

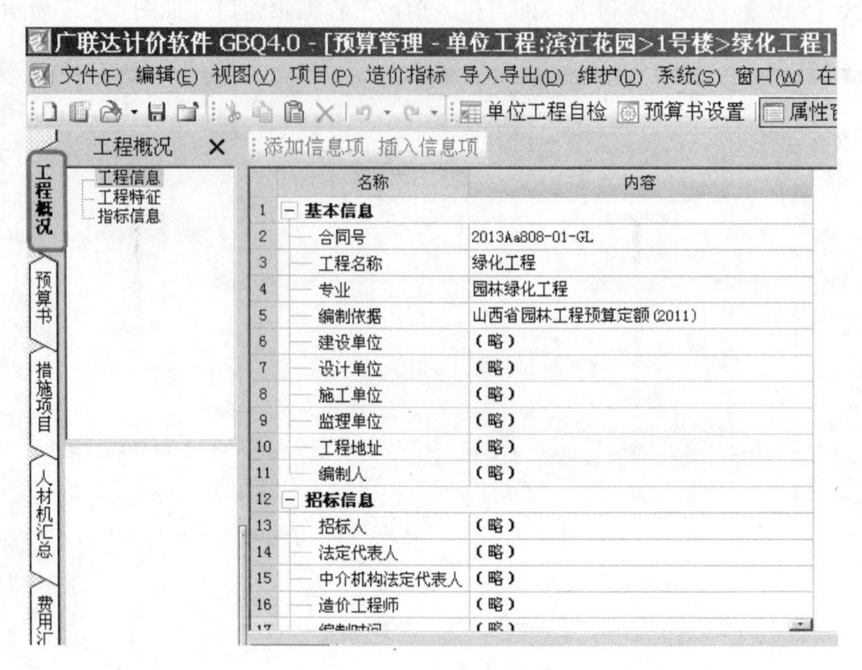

图 1－28 “工程概况”界面

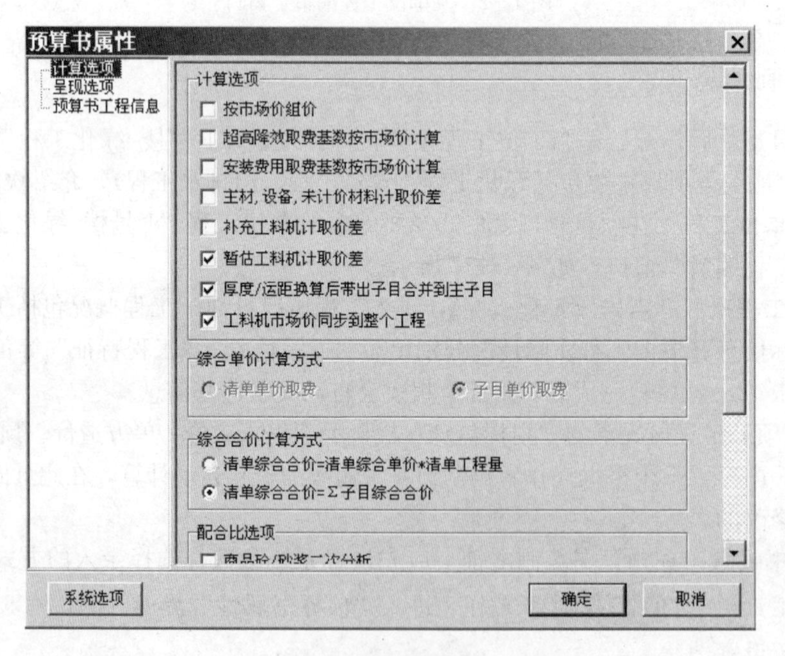

图 1－29 “预算书属性”界面

的录入方法，可根据需要灵活选取录入方法。

① 直接录入。在“预算书”页面中的“编码”列中直接输入定额编码，点击“工程量”单元格，输入定额子目工程量，如图 1－31 为“滨江花园-1 号楼-绿化工程”直接录入的几条定额子目。

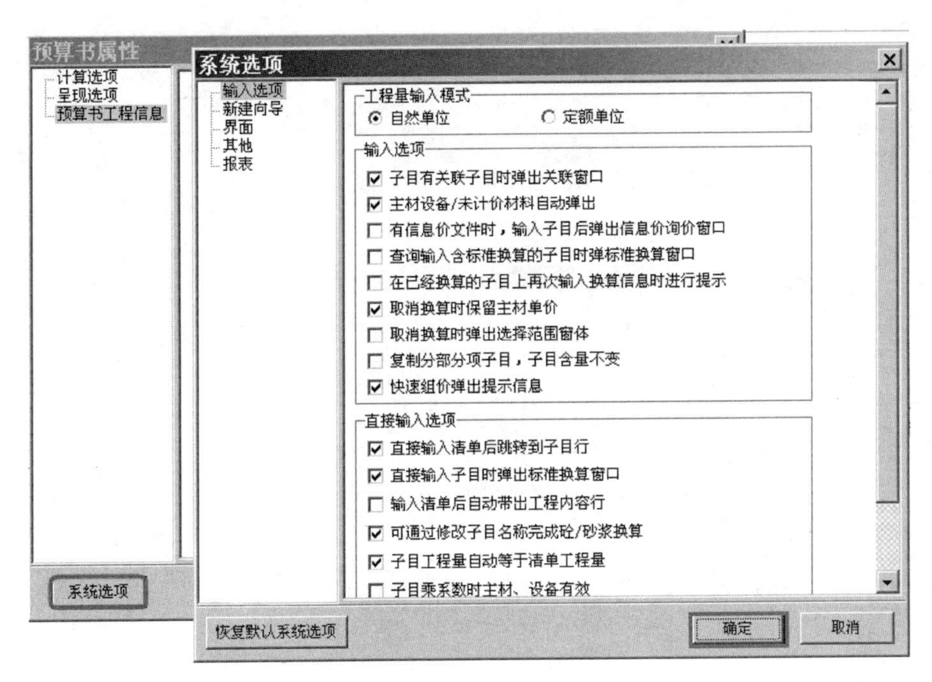

图 1－30 “系统选项”窗口

【注意事项】此方法适合于对定额子目比较熟悉的情况。如果要输入的子目和前一条子目属于同一章的，可以直接输入序号后按回车键，系统会自动生成编号，如在上一条子目（E3－2）的下面直接输入 59，则定额号自动生成为 E3－59，如图 1－31 所示。

广联达计价软件 GBQ4.0 - [预算管理 - 单位工程:滨江花园>1号楼>绿化工程 - C:\Documents and Settings\Adm

文件(F) 编辑(E) 视图(V) 项目(P) 造价指标 导入导出(D) 维护(D) 系统(S) 窗口(W) 在线服务(L) 帮助(H) 转入审核

单位工程自检 预算书设置 属性窗口 局部汇总

插入 添加 补充 查询 存档 整理子目 批量换算 其他 展开到

工程概况 预算书 措施项目

预算书　整个项目

	编码	类别	名称	标记	专业	规格型号	单位	工程
			整个项目					
1	E1-1	定	人工整理绿化用地		园林绿化工		10m2	
2	E2-4	定	起挖乔木(带土球) 土球直径(50cm以内)		园林绿化工		株	
3	E2-62	定	栽植乔木(带土球) 土球直径(50cm以内)		园林绿化工		株	
4	E3-2	定	树木成活养护 常绿乔木 胸径在(100mm以内)		园林绿化工程		10株・月	
5	E3-59	定						

图 1－31 “工程量定额直接录入”窗口

② 查询录入。点击工具栏中的“查询-查询定额”按钮，弹出查询窗口。在左边的章节中选择章节，在右边找到要输入的清单项双击或点击“插入”，这条定额即被输入当前预算书中，再输入定额项目工程量即可完成录入。可以连续双击多条定额，连续录入。如图 1－32 为“滨江花园-1 号楼-绿化工程”连续录入的几条定额。

③ 导入 Excel 录入。在“预算书”编辑窗口中，单击菜单栏中的“导入导出-导入 Excel 文件”，弹出“导入 Excel 招标文件”窗口，在左边选择要导入的内容，点击右边“Excel 表”后面的“选择”按钮，打开选择文件对话框，选择要导入的 Excel 文件，选定后点

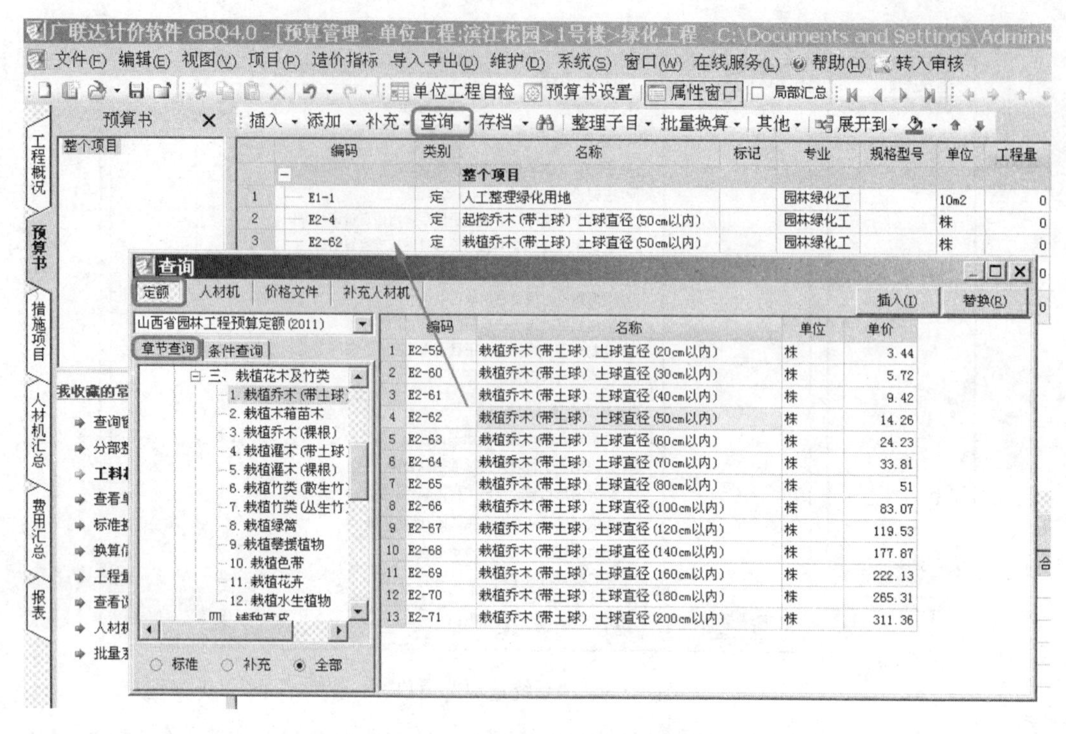

图 1-32 “工程量定额查询录入”窗口

击“打开”按钮（图 1-33），系统返回上一级窗口。在数据表中选择对应的表页名称，点击“列识别”按钮选择项目编码、项目名称、计量单位、工程量对应的 Excel 字段。列识别完后，再进行行识别，点击“导入”按钮，在弹出的“提示”窗口上点击“确定”完成导入。图 1-34 为“滨江花园-1 号楼-绿化工程”Excel 招标文件工程量导入结果。

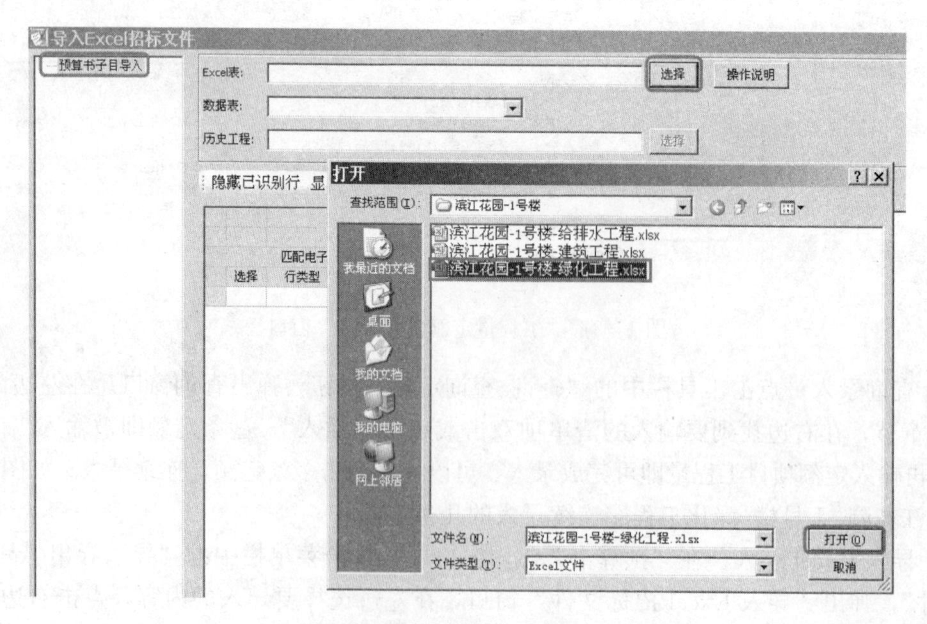

图 1-33 “导入 Excel 招标文件”窗口

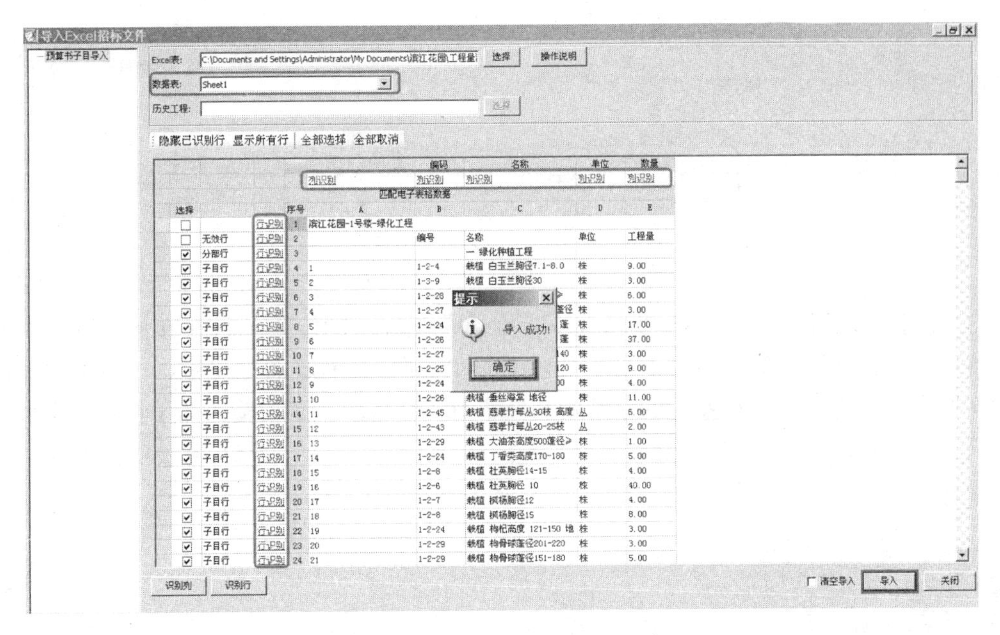

图 1-34　“导入 Excel 工程量”窗口

④ 补充定额子目录入。在某些情况下，定额库中的定额项目满足不了编制要求，就需要补充新的定额子目。点击工具栏“补充-子目”按钮，弹出补充子目窗口（图 1-35），在该窗口中依次输入补充子目的编码、名称、单位、子目工程量表达式、人工费、材料费、机械费、主材费、设备费等内容，点击确定，完成补充子目操作，在工程量单元格里输入工程量，即可完成补充定额子目，如图 1-36 为“原土夯实”定额子目的补充操作窗口。

【注意事项】补充定额子目的编号，按照定额规范要求自动生成，由补子目＋三位顺序码组成。

补充子目

编码: 补子目001　　专业章节: 园林绿化工程　人工整理绿化用地

名称: 原土夯实

单位: 100m2　　子目工程量表达式:

单价: 75.95 元

人工费: 56.53 元　　材料费: 5.6 元

机械费: 13.82 元　　主材费: 0 元

设备费: 0 元

	编码	类别	名称	规格型号	单位	含量	单价
1	BCRGF0	人	原土夯实人		元	1	56.53
2	BCJXF0	机	原土夯实机		元	1	13.82
3	BCCLF0	材	原土夯实材		元	1	5.6

隐藏子目组成　查询人材机　存档以方便下次使用　确定　取消

图 1-35　“补充子目”窗口

	编码	类别	名称	标记	专业	规格型号	单位	工程量	单价
	−		整个项目						
B1	−	部	一 绿化种植工程						
1	E1-1	定	人工整理绿化用地		园林绿化工		10m2	0	25.65
2	补子目001	补	原土夯实		园林绿化工		100m2	0	75.95
3	E2-4	定	栽植 白玉兰胸径7.1-8.0 高度≥361 蓬径≥151 球径60		园林绿化工程		株	9.00	12.69
4	E3-9	定	栽植 白玉兰胸径30		园林绿化工		株	3.00	79.33

图 1－36 “补充定额子目”界面

⑤ 借用定额子目录入。在某些情况下，本单位工程中的定额子目在其他定额库中，此时就可以借用其他定额的子目。点击工具栏中的“查询-查询定额”按钮，在弹出的查询窗口中切换为其他定额库，在左边的章节中选择章节，在右边找到要输入的子目项双击或点击“插入”，这条定额子目即被输入到当前预算书中（图 1－37），再输入定额项目工程量即可完成录入。

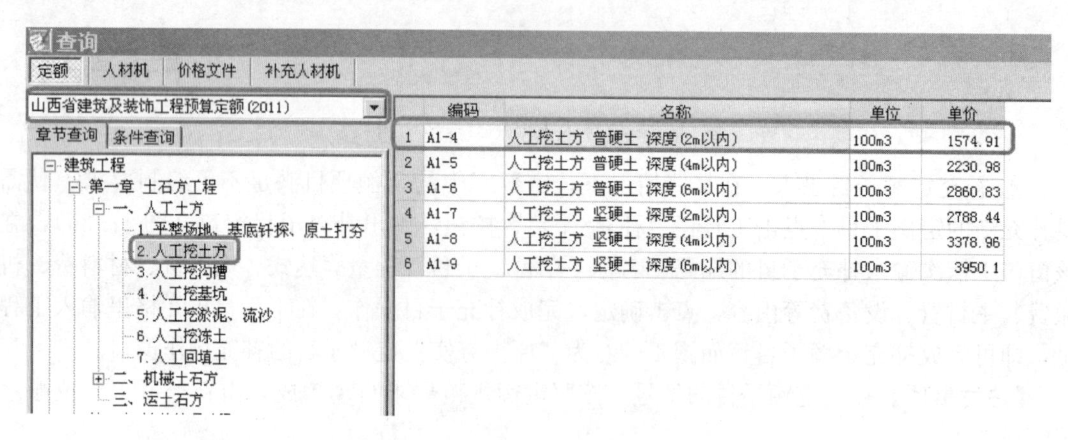

图 1－37 “借用定额子目”界面

（2）定额换算。定额子目录入完后，按照定额说明或者工程实际情况，对定额子目进行换算。子目换算的方法有直接输入换算、标准换算、手工换算等，换算之后，可以查看换算信息，还可以取消换算。换算完后子目类别会从“定”改为“换”，以示区别。

① 直接输入换算。选择需要换算的定额子目，可以在定额号的后面跟上一个或多个换算信息来进行换算。如图 1－38 为“树木养护”的两个定额子目的换算。

② 标准换算。选择需要换算的定额子目，点击功能区“标准换算”，属性窗口中就会显示当前子目支持的所有标准换算，勾选需要的换算内容，或者展开选择需要换算的材料即可完成。如图 1－39 为“栽植乔木（带土球）”定额子目的换算。

③ 手工换算。选择需要换算的定额子目，点击功能区“工料机显示”，在属性窗口中直接修改子目的含量。如图 1－40 为“起挖乔木（带土球）土球直径 50 cm 以内”的定额子目的换算。

（3）预算书整理。工程直接费编制完后，需要对预算书进行整理。软件可以自动进行分部整理、手动添加分部进行分部整理，此外，还有子目排序、保存和还原子目顺序等功能。

① 自动分部整理。点击功能区“分部整理”或者点击工具栏“整理子目-分部整理”，弹出“分部整理”对话框（图 1－41），选择需要的分部标题，点击确定，完成分部整理。图 1－42 为分部整理前的预算书、图 1－43 为分部整理后的预算书。

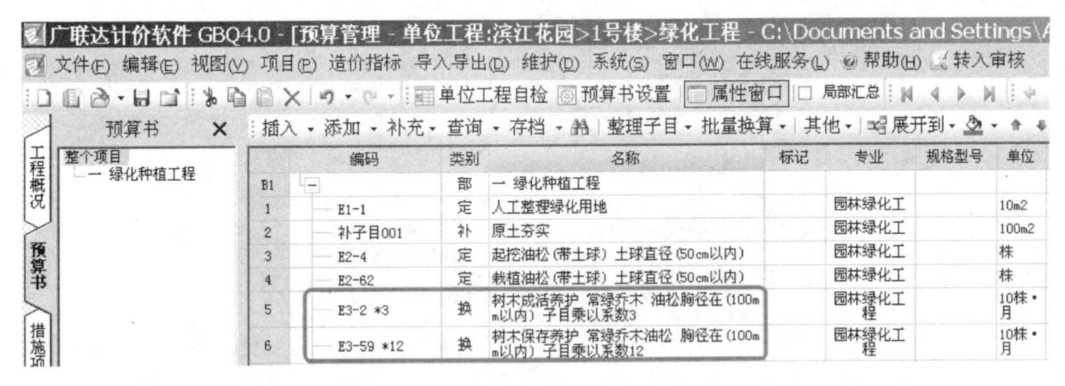

图 1－38　“定额子目直接输入换算”窗口

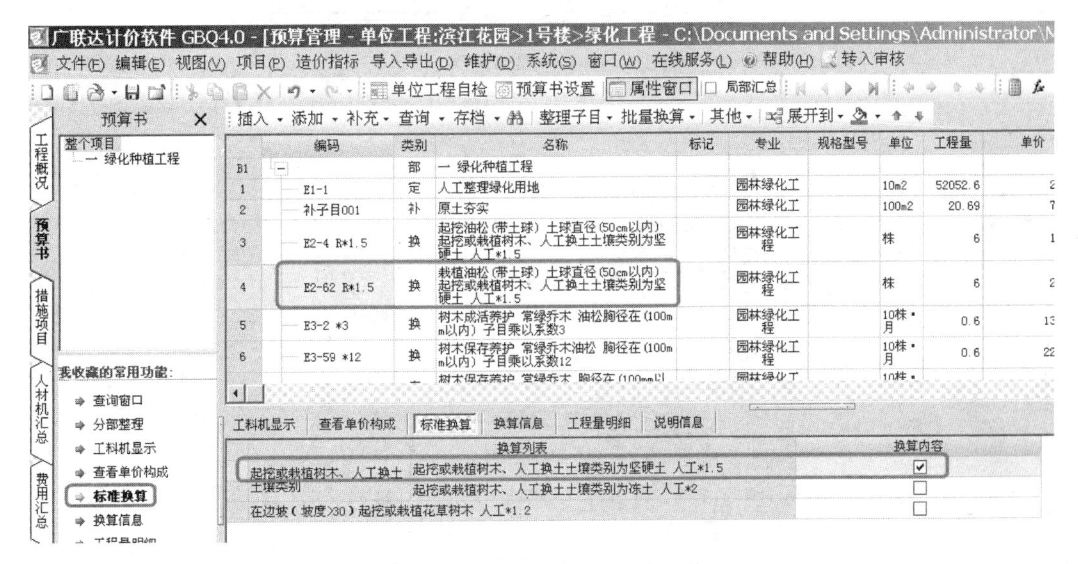

图 1－39　“定额子目标准换算”窗口

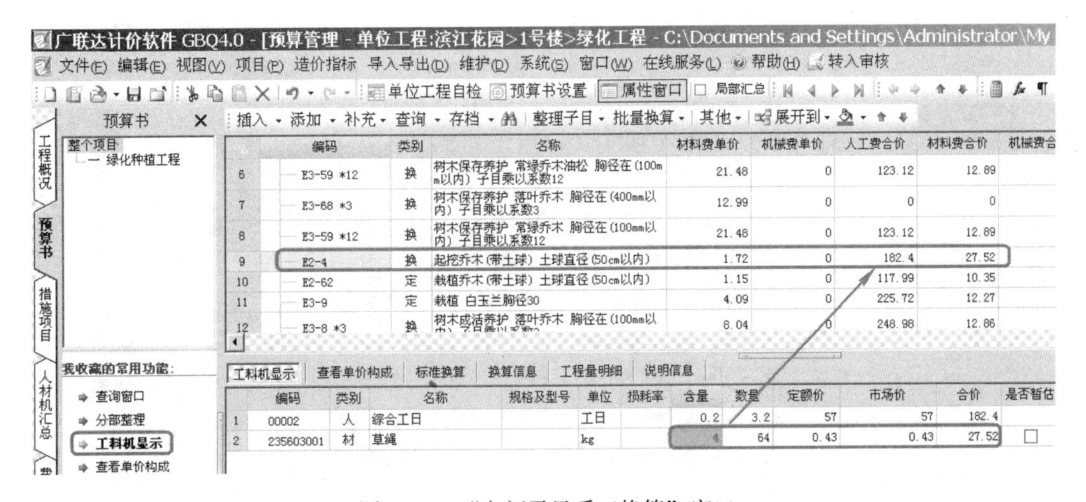

图 1－40　“定额子目手工换算”窗口

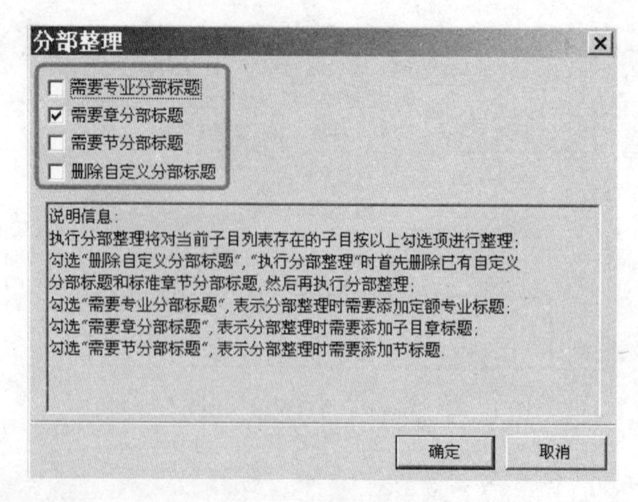

图 1-41 "分部整理"窗口

	编码	类别	名称	标记	专业	规格型号	单位	工程量
	−		整个项目					
B1	−	部	一 绿化种植工程					
1	E1-1	定	人工整理绿化用地		园林绿化工		10m2	52052.6
2	补子目001	补	原土夯实		园林绿化工		100m2	24.67
3	E2-4	定	起挖乔木(带土球) 油松 土球直径(50cm以内)		园林绿化工程		株	6
4	E2-62	定	栽植乔木(带土球) 油松 土球直径(50cm以内)		园林绿化工程		株	6
5	补充主材001	主	油松				株	6
6	E3-2 *3	换	树木成活养护 常绿乔木 油松 胸径在(100mm以内) 子目乘以系数3		园林绿化工程		10株·月	0.6
7	E3-59 *12	换	树木保存养护 常绿乔木 油松 胸径在(100mm以内) 子目乘以系数12		园林绿化工程		10株·月	0.6
8	E2-4	定	起挖乔木(带土球) 白皮松 土球直径(50cm以内)		园林绿化工程		株	9
9	E2-62	定	栽植乔木(带土球) 白皮松 土球直径(50cm以内)		园林绿化工程		株	9

图 1-42 分部整理前的预算书

	编码	类别	名称	专业	规格型号	单位	工程量
	−		整个项目				
B1	−	部	一 绿化种植工程				
B2	− 0101	部	整理绿化用地工程				
1	E1-1	定	人工整理绿化用地	园林绿化工		10m2	52052.6
2	补子目001	补	原土夯实	园林绿化工		100m2	24.67
B2	− 0102	部	绿化工程				
3	E2-4	定	起挖乔木(带土球) 油松 土球直径(50cm以内)	园林绿化工程		株	6
4	E2-4	定	起挖乔木(带土球) 白皮松 土球直径(50cm以内)	园林绿化工程		株	9
5	E2-4	定	栽植 白玉兰胸径7.1-8.0 高度≥361 蓬径≥151 球径60	园林绿化工程		株	9.00
6	E2-4	定	栽植 新疆杨 胸径 6.1-7.0	园林绿化工		株	90.00
7	E2-5	定	栽植 广玉兰胸径7.1-8.0 高度≥301 蓬径≥151 球径60	园林绿化工程		株	16.00
8	E2-5	定	栽植 栾树胸径7.1-8.0 高度≥371 蓬径≥211 球径60	园林绿化工程		株	10.00
9	E2-6	定	栽植 国槐 胸径 10	园林绿化工		株	40.00

图 1-43 分部整理后的预算书

【注意事项】需要专业分部标题：分部整理时，按专业分部，显示分部名称；需要章分部标题：分部整理时，按章分部，显示章名称；需要节分部标题：分部整理时，按节分部，显示分节名称；删除自定义分部标题：删除手动分部时自定义好的分部标题。

② 手动添加分部。有时需要建立多级分部，这时就可以手动进行分部工程的标题添加。其操作步骤如下：

第一步，鼠标点击整个项目，点击工具栏“插入-插入子分部”按钮，或者直接点击鼠标右键，选择“插入子分部”，则第一个分部被插入到第一行，手动输入编码和名称即可；

第二步，鼠标点击第二个分部的第一条子目，点击工具栏“插入-插入分部”按钮，或者直接点击鼠标右键，选择“插入分部”，则第二个分部被插入，输入编码和名称；

第三步，需要插入二级分部时，鼠标点击一级分部，点击工具栏“插入-插入子分部”按钮，或者直接点击鼠标右键，选择“插入子分部”，则二级分部被插入，输入编码和名称；

第四步，用第二步的方法，就可以插入第二个二级分部，反复使用上述方法，可以建立多级分部。

③ 子目排序。点击工具栏“整理子目-子目排序”，子目即按照章节顺序排序。图1-44为排序前的预算书，图1-45为排序后的预算书。

	编码	类别	名称	标记	专业	规格型号	单位	工程量
	−		整个项目					
B1	−	部	一 绿化种植工程					
1	E1-1	定	人工整理绿化用地		园林绿化工		10m2	52052.6
2	补子目001	补	原土夯实		园林绿化工		100m2	24.67
3	E2-4	定	起挖乔木(带土球) 油松 土球直径(50cm以内)		园林绿化工程		株	6
4	E2-62	定	栽植乔木(带土球) 油松 土球直径(50cm以内)		园林绿化工程		株	6
5	E3-2	定	树木成活养护 常绿乔木 油松 胸径在(100mm以内)		园林绿化工程		10株•月	0.6
6	补充主材001	主	油松				株	6
7	E3-59	定	树木保存养护 常绿乔木 油松 胸径在(100mm以内)		园林绿化工程		10株•月	0.6
8	E2-4	定	起挖乔木(带土球) 白皮松 土球直径(50cm以内)		园林绿化工程		株	9
9	E2-62	定	栽植乔木(带土球) 白皮松 土球直径(50cm以内)		园林绿化工程		株	6

图1-44　排序前的预算书

	编码	类别	名称	标记	专业	规格型号	单位	工程量
	−		整个项目					
B1	−	部	一 绿化种植工程					
1	E1-1	定	人工整理绿化用地		园林绿化工		10m2	52052.6
2	补子目001	补	原土夯实		园林绿化工		100m2	24.67
3	E2-4	定	起挖乔木(带土球) 油松 土球直径(50cm以内)		园林绿化工程		株	6
4	E2-4	定	起挖乔木(带土球) 白皮松 土球直径(50cm以内)		园林绿化工程		株	9
5	E2-4	定	栽植 白玉兰胸径7.1-8.0 高度≥361 蓬径≥151 球径60		园林绿化工程		株	9.00
6	E2-4	定	栽植 新疆杨 胸径 6.1-7.0		园林绿化工		株	90.00
7	E2-5	定	栽植 广玉兰胸径7.1-8.0 高度≥301 蓬径≥151 球径60		园林绿化工程		株	16.00
8	E2-5	定	栽植 栾树胸径7.1-8.0 高度≥371 蓬径≥211 球径60		园林绿化工程		株	10.00
9	E2-6	定	栽植 国槐 胸径 10		园林绿化工		株	40.00

图1-45　排序后的预算书

④ 保存和还原子目顺序。有时分部整理或者排序后，需要恢复到整理排序前的顺序，这时可以首先保存子目顺序，之后随时可以还原子目顺序，其操作步骤如下：

第一步，保存子目顺序，点击工具栏“整理子目-保存子目原顺序”，则子目的顺序就被保存下来；

第二步，还原子目顺序，点击“整理子目-还原子目原顺序”，则子目的顺序就恢复到上次保存的状态。

5. 措施项目编辑 点击“措施项目”按钮，进入措施项目清单编辑窗口。措施项目的计算分为通用措施项和专业措施项两类，分别组价后，软件会自动合计。

广联达计价软件已给出通用措施项和部分专业措施项，我们根据拟建工程的实际情况进行增加和删除，通过费率定额库选择相应费率，双击即可完成，如图 1-46 所示。

【注意事项】计算公式组价项，在进行费率选择前必须正确选择计算基数。

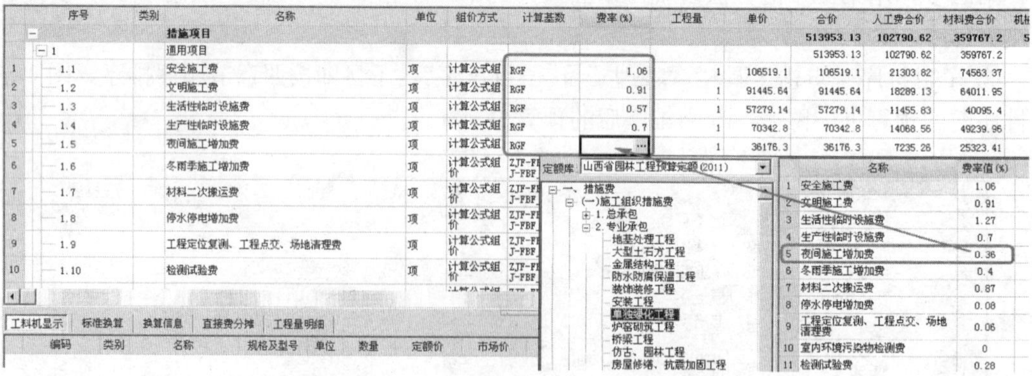

	序号	类别	名称	单位	组价方式	计算基数	费率(%)	工程量	单价	合价	人工费合价	材料费合价
	−		措施项目							513953.13	102790.62	359767.2
	−1		通用项目							513953.13	102790.62	359767.2
1	1.1		安全施工费	项	计算公式组	RGF	1.06	1	106519.1	106519.1	21303.82	74563.37
2	1.2		文明施工费	项	计算公式组	RGF	0.91	1	91445.64	91445.64	18289.13	64011.95
3	1.3		生活性临时设施费	项	计算公式组	RGF	0.57	1	57279.14	57279.14	11455.83	40095.4
4	1.4		生产性临时设施费	项	计算公式组	RGF	0.7	1	70342.8	70342.8	14068.56	49239.96
5	1.5		夜间施工增加费	项	计算公式组	RGF	…	1	36176.3	36176.3	7235.26	25323.41
6	1.6		冬雨季施工增加费	项	计算公式组价	ZJF-FB J-FBF						
7	1.7		材料二次搬运费	项	计算公式组价	ZJF-FB J-FBF						
8	1.8		停水停电增加费	项	计算公式组价	ZJF-FB J-FBF						
9	1.9		工程定位复测、工程点交、场地清理费	项	计算公式组价	ZJF-FB J-FBF						
10	1.10		检测试验费	项	计算公式组价	ZJF-FB J-FBF						

定额库 山西省园林工程预算定额(2011)

一、措施费
(一)施工组织措施费
1. 总承包
2. 专业承包
地基处理工程
大型土石方工程
金属结构工程
防水防腐保温工程
装饰装修工程
安装工程
单独绿化工程
炉窑砌筑工程
桥梁工程
仿古、园林工程
房屋修缮、抗震加固工程

	名称	费率值(%)
1	安全施工费	1.06
2	文明施工费	0.91
3	生活性临时设施费	1.27
4	生产性临时设施费	0.7
5	夜间施工增加费	0.36
6	冬雨季施工增加费	0.4
7	材料二次搬运费	0.87
8	停水停电增加费	0.08
9	工程定位复测、工程点交、场地清理费	0.06
10	室内环境污染物检测费	0
11	检测试验费	0.28

工料机显示 标准换算 换算信息 直接费分摊 工程量明细

编码 类别 名称 规格及型号 单位 数量 定额价 市场价

图 1-46 “措施项目清单编辑”窗口

6. 人材机汇总 “预算书”和“措施项目”编制完后，软件自动进行人材机汇总，可以通过“直接修改市场价”和“载入信息价”进行价格调整。

（1）直接修改市场价。点击【人材机汇总】，选择需要修改市场价的人材机项，鼠标点击其市场价，输入实际市场价，软件将以不同底色标注出修改过市场价的项。如草绳市场价为 0.45 元/kg，预算价为 0.43 元/kg，我们就可以进行市场价格的修改，如图 1-47 所示。

人材机汇总
新建 删除
所有人材机
人工表
材料表
机械表
设备表
主材表
实体项目人材机
措施项目人材机
甲供材料表
主要材料指标表
三材汇总
主要材料表

显示对应子目 载价 市场价存档 调整市场价系数 锁定材料表 其他 只显示输出材料 只显示有价差材料 价格文件:

	编码	类别	名称	规格型号	单位	数量	预算价	市场价	价格来源	市场价合计	价差	价差合计	供货方式
7	091701001	材	片石(毛石)		m3	4.68	55	55		257.4	0	0	自行采购
8	092101001	材	湖石		t	78	94	94		7332	0	0	自行采购
9	093402001	材	中(粗)砂		m3	8.58	61	61		523.38	0	0	自行采购
10	230401001	材	工程用水		m3	110099.483	5.6	5.6		616557.11	0	0	自行采购
11	232302002	材	塑料袋		个	44064	0.02	0.02		881.28	0	0	自行采购
12	235603001	材	草绳		kg	52511.5	0.43	0.45	手动修改	23630.18	0.02	1050.23	自行采购
13	237802001	材	有机肥		m3	3.375	12.55	12.55		42.36	0	0	自行采购
14	237803001	材	杀虫剂		kg	3.8295	9.23	9.23		35.35	0	0	自行采购
15	500201007	材	其他材料费		元	124.995	1	1		125	0	0	自行采购

图 1-47 “市场价直接修改”界面

（2）载入信息价。点击【人材机汇总】，在页面工具栏中点击【载价】，在“选择价格文件”窗口选择所需市场价文件，点击【确定】，软件将根据选择的价格文件修改人材机市场价。本工程项目中，选择太原市 2013 年 5～6 月信息价，如图 1-48 所示。

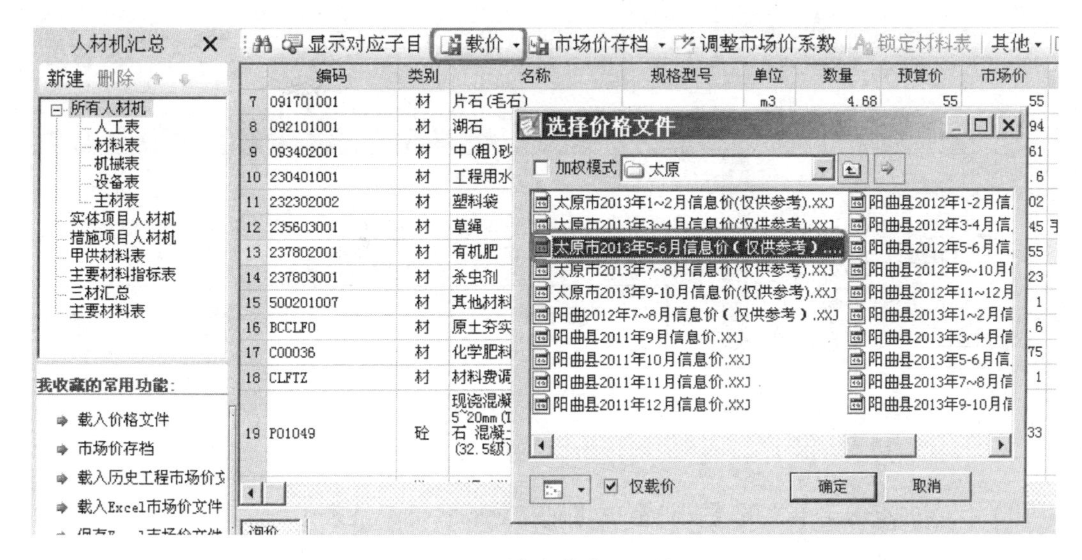

图 1-48　“信息价载入”界面

7. 费用汇总　点击导航栏中的【费用汇总】进入工程取费界面，如图 1-49 所示。进入该窗口后，程序根据子目工程量及有关计算参数的设置情况自动计算出工程项目的所有费用。在费用汇总界面中，可以对各项费用进行修改、增加、删除等操作。

	序号	费用代号	名称	计算基数	基数说明	费率(%)	金额	费用类别
1	1	F1	直接工程费	ZJF-FBF_1_YSJ-FBF_2_YSJ	直接费-只取税金项预算价直接费-不取费项预算价直接费		13,007,705.44	直接费
2	2	F2	施工技术措施费	JSCSF	技术措施项目合计		0.00	技术措施费
3	3	F3	施工组织措施费	ZZCSF	组织措施项目合计		513,953.13	组织措施费
4	4	F4	直接费小计	F1+F2+F3	直接工程费+施工技术措施费+施工组织措施费		13,521,658.57	
5	5	F5	企业管理费	F4	直接费小计	5.4	730,169.56	企业管理费
6	6	F6	规费	F7+F8+F9+F10+F11+F12+F13+F14	养老保险费+失业保险费+医疗保险费+工伤保险费+生育保险费+住房公积金+危险作业意外伤害保险+工程排污费		1,303,487.88	规费
7	6.1	F7	养老保险费	F4	直接费小计	6.58	889,725.13	养老保险费
8	6.2	F8	失业保险费	F4	直接费小计	0.32	43,269.31	职工失业保险
9	6.3	F9	医疗保险费	F4	直接费小计	0.96	129,807.92	医疗保险费
10	6.4	F10	工伤保险费	F4	直接费小计	0.16	21,634.65	农民工工伤保
11	6.5	F11	生育保险费	F4	直接费小计	0.1	13,521.66	生育保险费
12	6.6	F12	住房公积金	F4	直接费小计	1.36	183,894.56	住房公积金
13	6.7	F13	危险作业意外伤害保险	F4	直接费小计	0.16	21,634.65	危险作业意外
14	6.8	F14	工程排污费					工程排污费

图 1-49　“费用汇总”窗口

8. 报表　点击通用工具条中的【报表】，进入报表页面，窗口的左侧显示所有报表：封面、编制说明、单位工程预算表、措施项目计价表、单位工程人材机价差表、单位工程费用表、措施项目分项汇总表等，右侧显示所选择的报表内容，如图 1-50 所示。

9. 保存、退出　单位工程预算书编制完后，进行文件保存。

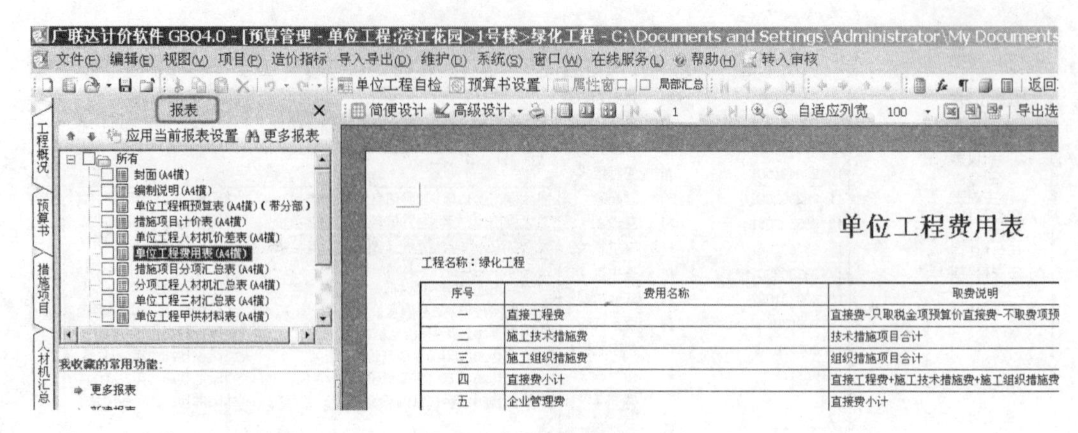

图 1-50 “报表”窗口

(1) 保存。点击菜单栏的【文件】→【保存】或系统工具条中的“💾”按钮，即可保存编制的计价文件。

(2) 退出。点击菜单的【文件】→【退出】或点击软件右上角“✕”按钮，即可退出单位工程的编辑界面，返回“项目管理”界面。

三、投标报价

按照上述方法建立完本工程项目的其他8个预算书，最后进行本项目工程文件的完善。

1. 统一调价 完成标段结构中的所有单位工程后，需要对工程项目进行统一调价，广联达计价软件主要对取费和人材机进行统一调价。

(1) 统一调整取费。

①“统一调整取费”界面。在项目管理窗口，点击【统一调整取费】按钮，弹出“保存”提示，点击【是】，软件进入“统一调整取费”界面，如图 1-51 所示。

统一调整取费

	工程名称	调整	调整前总造价	调整后总造价	费率浮动(%)	
					管理费	利润
1	− 滨江花园	☑	8546738.91		0	0
2	− 1号楼	☑	7177106.16		0	0
3	绿化工程	☑	1903370.86		0	0
4	建筑工程	☑	5273735.3		0	0
5	给排水工程	☑	0		0	0
6	− 2号楼	☑	580975.63		0	0
7	绿化工程	☑	346549.82		0	0
8	建筑工程	☑	234425.81		0	0
9	给排水工程	☑	0		0	0
10	− 3号楼	☑	788657.12		0	0
11	绿化工程	☑	426653.86		0	0
12	建筑工程	☑	362003.26		0	0
13	给排水工程	☑	0		0	0

示例说明：若单位工程中对应的费率希望上浮10%，则在相应对话框输入"10"；调整后费率=原费率*110%
若单位工程中对应的费率希望下浮10%，则在相应对话框输入"-10"；调整后费率=原费率*90%

预览 调整 关闭

图 1-51 “统一调整取费”窗口

② 选择调整幅度。单位工程可以通过输入正负数值来进行工程造价的上浮和下浮调整，我们对“滨江花园-1号楼-建筑工程”的管理费下调10%，如图1-52所示。

③ 完成操作。点击【预览】，软件进行造价调整，调整后的工程造价如图1-53所示。确认后，点击【调整】，完成全部操作。

统一调整取费

	工程名称	调整	调整前总造价	调整后总造价	费率浮动(%)	
					管理费	利润
1	− 滨江花园	☑	8546738.91		0	0
2	− 1号楼	☑	7177106.16		0	0
3	绿化工程	☑	1903370.86		0	0
4	建筑工程	☑	5273735.3		-10	0
5	给排水工程	☑	0		0	0
6	− 2号楼	☑	580975.63		0	0
7	绿化工程	☑	346549.82		0	0
8	建筑工程	☑	234425.81		0	0
9	给排水工程	☑	0		0	0
10	− 3号楼	☑	788657.12		0	0
11	绿化工程	☑	426653.86		0	0
12	建筑工程	☑	362003.26		0	0
13	给排水工程	☑	0		0	0

示例说明：若单位工程中对应的费率希望上浮10%，则在相应对话框输入"10"；调整后费率=原费率*110%
若单位工程中对应的费率希望下浮10%，则在相应对话框输入"-10"；调整后费率=原费率*90%

点击预览　预览　调整　关闭

图1-52　滨江花园“统一调整取费”窗口

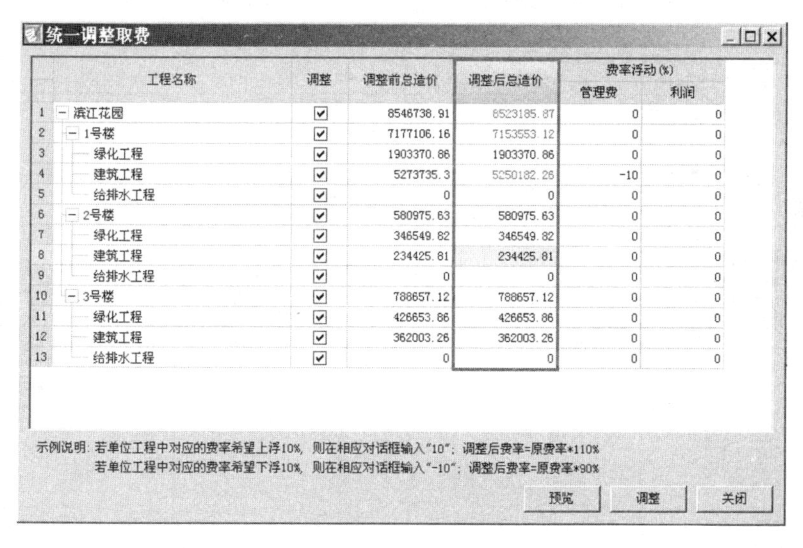

统一调整取费

	工程名称	调整	调整前总造价	调整后总造价	费率浮动(%)	
					管理费	利润
1	− 滨江花园	☑	8546738.91	8523185.87	0	0
2	− 1号楼	☑	7177106.16	7153553.12	0	0
3	绿化工程	☑	1903370.86	1903370.86	0	0
4	建筑工程	☑	5273735.3	5250182.26	-10	0
5	给排水工程	☑	0	0	0	0
6	− 2号楼	☑	580975.63	580975.63	0	0
7	绿化工程	☑	346549.82	346549.82	0	0
8	建筑工程	☑	234425.81	234425.81	0	0
9	给排水工程	☑	0	0	0	0
10	− 3号楼	☑	788657.12	788657.12	0	0
11	绿化工程	☑	426653.86	426653.86	0	0
12	建筑工程	☑	362003.26	362003.26	0	0
13	给排水工程	☑	0	0	0	0

示例说明：若单位工程中对应的费率希望上浮10%，则在相应对话框输入"10"；调整后费率=原费率*110%
若单位工程中对应的费率希望下浮10%，则在相应对话框输入"-10"；调整后费率=原费率*90%

预览　调整　关闭

图1-53　滨江花园“统一调整取费”结果

（2）统一调整人材机。

①“统一调整人材机”界面。在项目管理窗口，点击功能区中的【统一调整人材机】，弹出“设置调整范围”窗口（图1-54），进行调价范围设置，选择要调整的标段及单位工程，点击【确定】，软件弹出“统一调整人材机”界面。

② 批量调整。在“统一调整人材机”界面。我们用鼠标框选需要调整的人材机，点击【批量调整】，在弹出的“批量调整”窗口输入市场价格信息，点击【确定】，完成批量调整，

如图1-55所示。

③ 完成操作。调整完成后，点击“统一调整人材机”界面上的【重新计算】，软件自动更新每个单位工程人材机单价，并汇总标段数据信息，如图1-56所示。

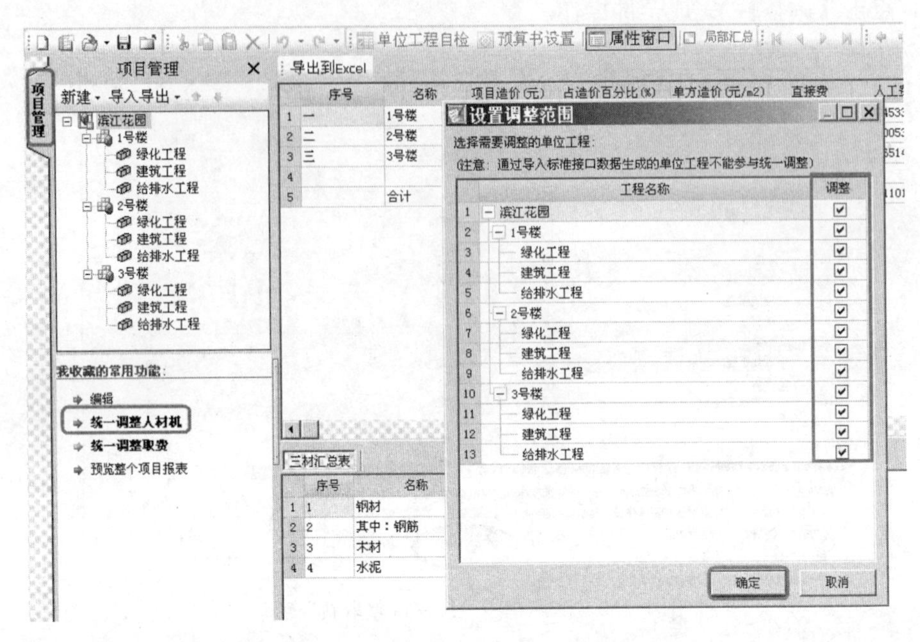

图1-54 “统一调整人材机-设置调整范围”窗口

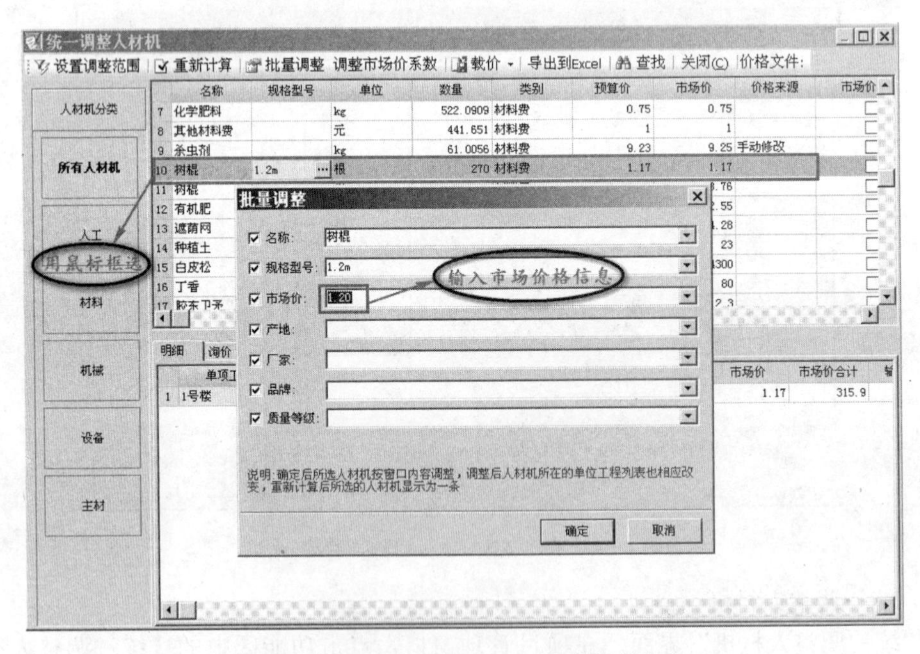

图1-55 “统一调整人材机——批量调整”窗口

2. 报表输出 整个项目做完后，查看整个项目的报表及打印。

点击功能栏中的【预览整个项目报表】按钮，软件会切换到项目报表界面（图1-57），可以通过点击每个报表进行预览，同时还可以进行报表的输出与打印。

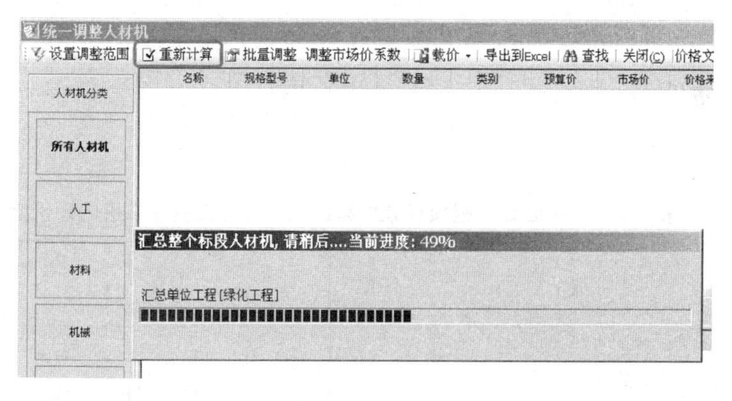

图1-56　“统一调整人材机——重新计算”窗口

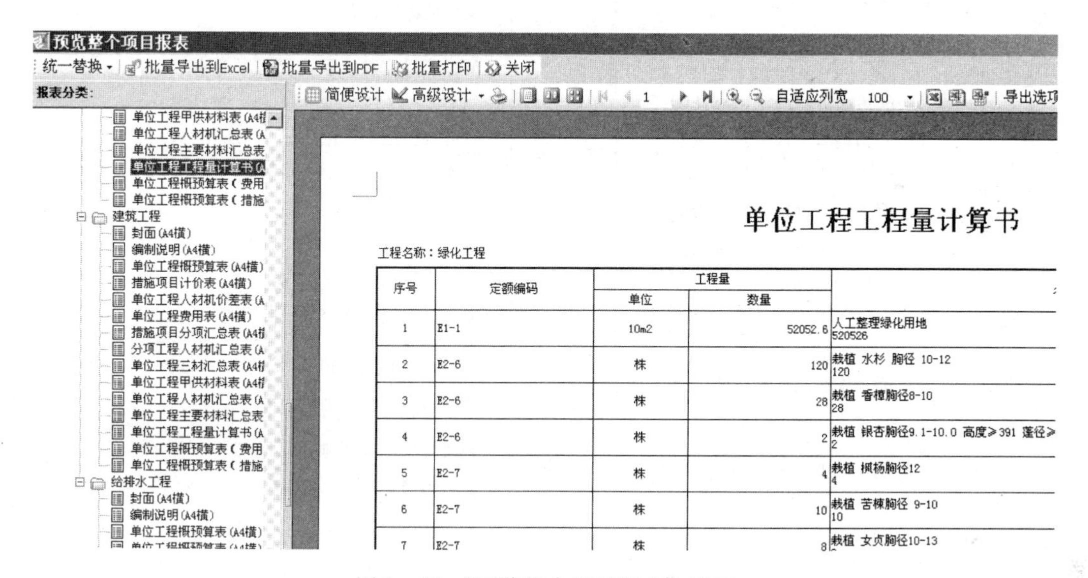

图1-57　“预览整个项目报表”界面

>>> 巩固训练项目

根据本地的实际情况，利用“工程量预算软件”编制“项目1-子项目2-任务1巩固训练项目”中的工程预算书（定额计价）。

>>> 拓展知识

一、相关规范或标准

（1）山西省建设工程计价依据——建设工程费用定额。
（2）山西省建设工程计价依据——园林绿化工程预算定额。
（3）山西省建设工程计价依据——建筑工程预算定额。

二、网络学习指引

（1）广联达服务新干线 http：//www.fwxgx.com。

(2) 中国工程预算网 http：www.yusuan.com。

>>> 评价标准

见表1-16。

表1-16　学生运用园林工程预算软件编制园林绿化工程预算书的评价标准

评价项目	技术要求	分值	评分细则	评分记录
项目工程建立	能正确新建标段工程； 能正确建立工程项目结构及相关信息	5分	能顺利快速地新建标段工程及工程项目结构，能准确填写相关工程信息，新建信息不规范的扣2～3分； 项目结构错误者扣5分	
预算书编辑	能正确进行预算项目录入； 能完整填写预算项目特征及工作内容； 能正确进行预算定额的换算； 能正确填写预算工程量； 能按要求进行预算书整理	35分	预算项目完整，不完整的酌情扣1～10分； 项目特征及工作内容不完整的酌情扣1～6分； 定额子目换算错误者扣5分； 定额工程量计算公式完整无误，错算、漏算等酌情扣1～8分； 预算书没按要求整理的扣2分	
措施项目编辑	能正确编制工程措施项目费	15分	能熟练编制工程措施项目费，项目不完整的酌情扣1～10分	
费用汇总	能正确编制工程项目汇总费	10分	能熟练编制工程项目汇总费，项目不完整的酌情扣2～3分	
投标报价	能正确进行工程项目的调价； 能较快地发现报价不合理的项目； 能收集较真实的绿化工程相关材料价格信息	15分	没按要求调价的酌情扣1～10分； 审核过程中不能发现不合理部分者酌情扣1～10分； 预算报价编制不切实际的酌情扣3～10分	
打印输出	完整地完成全部预算用表格内容； 按照格式要求打印全部所需表格	20分	表格不完整或存在破表者扣5分； 预算表格不全面者酌情扣1～10分； 工程造价表格打印不符合工程招标文件要求者酌情扣1～10分	

子项目3　园林工程清单计价编制

>>> 学习目标

掌握园林工程清单计价编制的方法及步骤，熟练运用清单软件编制园林绿化工程预算书。

>>> 工作任务

1. 园林绿化工程工程量清单的编制。
2. 园林绿化工程工程量清单计价编制。
3. 运用园林工程预算软件编制园林绿化工程工程量清单并报价。

任务1　园林绿化工程工程量清单的编制

>>> 任务目标

学会编制园林绿化工程工程量清单。

>>> 任务描述

学习园林工程清单计价规范的相关知识，通过编制园林工程工程量清单，掌握工程量清单编制的程序和方法。

>>> 工作情景

工程量清单是现阶段预算报价的基本前提，清单的内容及规范要求是投标报价是否全面合理的重要组成部分。该任务要求学习者根据当地投标要求和园林绿化工程的基本操作规范要求，快速地将图纸内容编制为工程量清单。

>>> 知识准备

一、工程量清单

1. 工程量清单概念　是指载明建设工程分部分项工程项目、措施项目、其他项目的名称和相应数量以及规费和税金项目等内容的明细清单。

（1）分部分项工程项目。是“分部工程”和“分项工程”的总称。

（2）措施项目。是指为完成工程项目施工，发生于该工程施工准备和施工过程中的技术、生活、安全、环境保护等方面的项目。

（3）其他项目。是指除分部分项工程量清单、措施项目清单外，由于招标人的特殊要求而设置的项目清单，包括暂列金额、暂估价、计日工和总承包服务费等内容。

（4）规费。是指根据国家法律、法规规定，由省级政府或省级有关权力部门规定施工企业必须缴纳的，应计入建筑安装工程造价的费用。

（5）税金。是指国家税法规定的应计入建筑安装工程造价内的营业税、城市维护建设税、教育费附加和地方教育附加。

2. 工程量清单编制依据　主要有：招标文件规定的相关内容；拟建工程设计施工图纸；施工现场的情况；建设工程工程量清单计价规范等。

3. 工程量清单编制的原则　满足建设工程施工招标投标的需要，能对工程造价进行合理的确定和有效的控制；做到“四个统一”，即统一项目编码、统一工程量计算规则、统一计量单位、统一项目名称；适当考虑我国目前工程造价管理工作现状，实行市场调节价。

4. 工程量清单编制的一般规定 工程量清单应由具有编制招标文件能力的招标人或受其委托具有相应资质的工程造价咨询人编制；采用清单方式招标，工程量清单应作为招标文件的组成部分，其准确性和完整性由招标人负责；工程量清单是工程量清单计价的基础，应作为编制招标控制价、投标报价、计算工程量、支付工程款、调整合同价款、办理竣工结算以及工程索赔等的依据之一；工程量清单应由分部分项工程量清单、措施项目清单、其他项目清单、规费项目清单、税金项目清单组成。

二、工程量清单的格式

工程量清单编制应采用统一格式。工程量清单格式应由下列内容组成。

1. 封面 工程量清单编制封面见图 1－58。

＿＿＿＿＿＿＿＿＿＿工程

招标工程量清单

招　标　人：＿＿＿＿＿＿＿＿＿＿　　造价咨询人：＿＿＿＿＿＿＿＿＿＿

（单位盖章）　　（单位资质专用盖章）

法定代表人　　法定代表人

或其授权人：＿＿＿＿＿＿＿＿＿＿　　或其授权人：＿＿＿＿＿＿＿＿＿＿

（签字或盖章）　　（签字或盖章）

编　制　人：＿＿＿＿＿＿＿＿＿＿　　复　核　人：＿＿＿＿＿＿＿＿＿＿

（造价人员签字盖专用章）　　（造价工程师签字盖专用章）

编制时间：　　年　月　日　　复核时间：　　年　月　日

图 1－58　工程量清单编制封面

2. 投标须知 工程量清单编制投标须知见图1－59。

投标须知

(一) 工程量清单及其计价格式中所有要求签字、盖章的地方，必须由规定的单位和人员签字、盖章。

(二) 工程量清单及其计价格式中的任何内容不得随意删除或涂改。

(三) 工程量清单计价格式中列明的所有需要填报的单价和合价，投标人均应填报，未填报的单价和合价，视为此项费用已包含在工程量清单的其他单价和合价中。

(四) 金额(价格)均应以________币表示。

图1－59 工程量清单编制投标须知

3. 总说明 工程量清单编制总说明见图1－60。

工程名称： 第 页 共 页

1.工程概况

2.工程招标及分包范围

3.工程量清单编制依据

4.工程质量、材料、施工等的特殊要求

5.其他需要说明的事项

图1－60 工程量清单编制总说明

4. 分部分项工程清单 分部分项工程量清单所反映的是拟建工程分项实体工程项目名称和相应数量的明细清单，招标人负责项目编码、项目名称、项目特征、计量单位和工程量五项内容。见表1－17。

表1－17 分部分项工程和单价措施项目清单与计价表

工程名称： 第 页 共 页

序号	项目编号	项目名称	项目特征描述	计量单位	工程量	金额（元）		
						综合单价	合价	其中 暂估价
合计								

（1）项目编码。项目编码以五级编码设置，用12位阿拉伯数字表示。一、二、三、四级编码为全国统一，即1～9位应按计价规范附录的规定设置；第五级编码由工程量清单编制人编制，即10～12位应根据拟建工程的工程量清单项目名称设置，不得有重号。其中，第一级表示专业工程代码（1、2位）；第二级表示附录分类顺序码（3、4位）；第三级表示分部工程顺序码（5、6位）；第四级表示分项工程项目名称顺序码（7、8、9位）；第五级表示工程量清单项目名称顺序码（10、11、12位）。

园林绿化工程项目编码结构为：

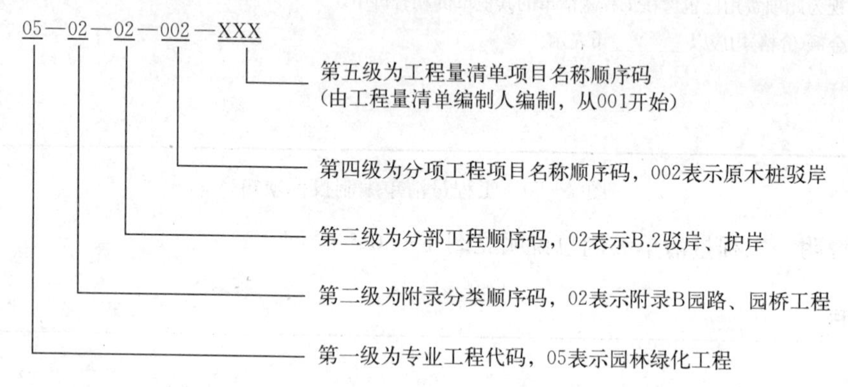

（2）项目名称。分部分项工程量清单的项目名称应按附录的项目名称结合拟建工程的实际确定。计价规范附录表中的“项目名称”为分项工程项目名称，是形成分部分项工程量清单项目名称的基础，在编制分部分项工程量清单时可予以适当调整或细化。

（3）项目特征描述。项目特征描述的内容应按附录中的规定，结合拟建工程的实际，满足确定综合单价的需要；若采用标准图集或施工图纸能够全部满足项目特征描述的要求，项目特征描述则可直接采用详见××图集或××图号的方式。

（4）计量单位。分部分项工程量清单的计量单位与有效位数应遵循《建设工程工程量清单计价规范》规定。当附录中有两个或两个以上计量单位时，应结合拟建工程项目的实际确定其中一个。

（5）工程量。分部分项工程量清单中所列工程量应按专业工程计量规范规定的工程量计算规则计算。对补充项的工程量计算规则要满足以下两点：一是计算规则要具有可计算性；二是计算结果具有唯一性。

5. 措施项目清单 措施项目指为完成工程项目施工，发生于该工程施工前和施工过程中的技术、生活、文明、安全、环境保护等方面的项目清单，措施项目分单价措施项目和总价措施项目。

（1）单价措施项目清单。单价措施项目一般指可以精确计算工程量的措施项目，此类清单的编制可采用与分部分项工程量清单编制相同的方式，编制“分部分项工程和综合单价措施项目清单与计价表”（表1-17）。

（2）总价措施项目清单。总价措施项目一般指项目费用的发生与使用时间、施工方法相关或者与两个以上的工序相关并大都与实际完成的实体工程量的大小关系不大的措施项目，如安全文明施工、冬雨季施工、已完工程设备保护等，应编制“总价措施项目清单与计价表”（表1-18）。

表 1-18　总价措施项目清单与计价表

工程名称：　　　　　　　　　　　　　　　　　　　　　　　　　　　第　页　共　页

序号	项目编号	项目名称	计算基础	费率（%）	金额（元）	调整费率（%）	调整后金额（元）	备注
合计								

6. 其他项目清单　是指应招标人的特殊要求而发生的与拟建工程有关的其他费用项目和相应数量的清单，见表1-19。

表 1-19　其他项目清单与计价表

工程名称：　　　　　　　　　　　　　　　　　　　　　　　　　　　第　页　共　页

序号	项目名称	金额（元）	结算金额（元）	备注
1	暂列金额			
2	暂估价			
2.1	材料（工程设备）暂估价			
2.2	专业工程暂估价			
3	计日工			
4	总承包服务费			
合计				

（1）暂列金额。招标人在工程量清单中暂定并包括在合同中的一笔款项。用于施工合同签订时尚未确定或者不可预见的所需材料、设备、服务的采购，施工中可能发生的工程变更、合同约定调整因素出现时的工程价款调整，以及发生的索赔、现场签证确认等的费用。

（2）暂估价。招标人在工程量清单中提供的用于支付必然要发生但暂时不能确定价格的材料、工程设备的单价以及专业工程的金额。

（3）计日工。在施工过程中，承包人完成发包人提出的工程合同范围以外的零星项目或工作，按合同中约定的单价计价的一种方式。

（4）总承包服务费。总承包人为配合、协调发包人进行的专业工程发包，对发包人自行采购的材料、工程设备等进行保管以及施工现场管理、竣工资料汇总整理等服务所需的费用。

7. 规费、税金项目清单　规费项目清单应按照以下内容列项：社会保险费，包括养老保险费、失业保险费、医疗保险费、工伤保险费、生育保险费；住房公积金；工程排污费。出现计价规范中未列的项目，应根据省级政府或省级有关权力部门的规定列项。

税金项目清单应包括以下内容：营业税；城市维护建设税；教育费附加；地方教育附加。出现计价规范未列的项目，应根据税务部门的规定列项。

规费、税金项目清单见表 1－20。

表 1－20　规费、税金项目计价表

工程名称：　　　　　　　　　　　　　　　　　　　　　　　　　　　　　　第　页　共　页

序号	项目名称	计算基础	计算基数	计算费率（%）	金额（元）
1	规费	定额人工费			
1.1	社会保险费	定额人工费			
1.2	住房公积金	定额人工费			
1.3	工程排污费	按工程所在地环境保护部门收取标准，按实计入			
2	税金	分部分项工程费＋措施项目费＋其他项目费＋规费			
合　计					

>>> 任务实施

一、园林绿化工程工程量清单的编制

【例 1－8】图 1－61 为滨江花园住宅小区 3 号楼前绿地，试求其清单工程量。

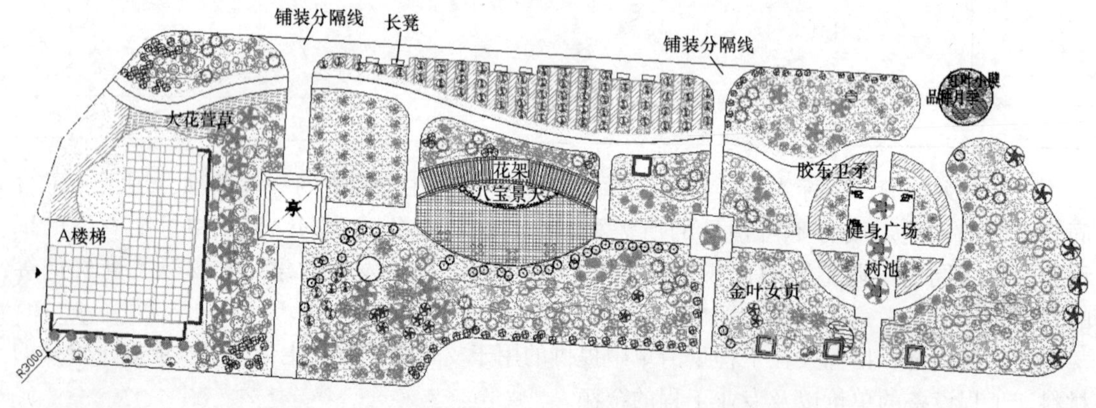

图 1－61　滨江花园住宅小区 3 号楼前绿地

解：绿地清单工程项目包括整理绿化用地、栽植乔木、栽植灌木、栽植绿篱、栽植色带、栽植花卉、铺种草皮，各项目清单工程量分别如下所示。

（1）绿地整理。

项目编码：050101010。

项目名称：整理绿化用地。

工程量计算规则：按设计图示尺寸以面积计算。

整理绿化用地的面积：3 182.00 m^2。

（2）栽植花木。

① 项目编码：050102001。

项目名称：栽植乔木。

工程量计算规则：按设计图示数量计算。

油松：17 株。青杆：21 株。白皮松：8 株。银杏：21 株。紫叶李：27 株。栾树：22 株。五角枫：17 株。

② 项目编码：050102002。

项目名称：栽植灌木。

工程量计算规则：按设计图示数量计算。

木槿：57 株。榆叶梅：71 株。金银木：67 株。贴梗海棠：27 株。西府海棠：71 株。丁香：70 株。珍珠梅：34 株。锦带花：93 株。红叶碧桃：40 株。胶东卫矛球：6 株。

③ 项目编码：050102005。

项目名称：栽植绿篱。

工程量计算规则：以平方米计算，按设计图示尺寸以绿化水平投影面积计算。

胶东卫矛：175.84 m^2。

④ 项目编码：050102007。

项目名称：栽植色带。

工程量计算规则：按设计图示尺寸以绿化水平投影面积计算。

红叶小檗：15.00 m^2。金叶女贞：153.17 m^2。

⑤ 项目编码：050102008。

项目名称：栽植花卉。

工程量计算规则：以平方米计算，按设计图示尺寸以水平投影面积计算。

品种月季：7.00 m^2。大花萱草：70.48 m^2。

⑥ 项目编码：050102012。

项目名称：铺种草皮。

工程量计算规则：按设计图示尺寸以绿化投影面积计算。

铺种草皮：3 182.00−175.84−15.00−153.17−7.00−70.48=2 760.51 m^2

清单工程量计算见表 1-21。

表 1-21　绿地清单工程量计算表

项目编码	项目名称	项目特征描述	计量单位	工程量
050101010001	整理绿化用地	人工整理绿化用地	m^2	3 182.00
050102001001	栽植乔木	油松，苗木高 2.5～3 m	株	17
050102001002	栽植乔木	青杆，苗木高 1.6～1.8 m	株	21
050102001003	栽植乔木	白皮松，苗木高 3 m	株	8
050102001004	栽植乔木	银杏，胸径 8～10 cm	株	21

（续）

项目编码	项目名称	项目特征描述	计量单位	工程量
050102001005	栽植乔木	紫叶李，胸径 5～7 cm	株	27
050102001006	栽植乔木	栾树，胸径 8～10 cm	株	22
050102001007	栽植乔木	五角枫，胸径 8 cm	株	17
050102002001	栽植灌木	木槿，苗木高 1.8 m	株	57
050102002002	栽植灌木	榆叶梅，苗木高 1.5 m	株	71
050102002003	栽植灌木	金银木，苗木高 1.5 m	株	67
050102002004	栽植灌木	贴梗海棠，苗木高 1.2 m	株	27
050102002005	栽植灌木	西府海棠，苗木高 1.8 m	株	71
050102002006	栽植灌木	丁香，苗木高 1.2 m	株	70
050102002007	栽植灌木	珍珠梅，苗木高 1.5 m	株	34
050102002008	栽植灌木	锦带花，苗木高 1.0 m	株	93
050102002009	栽植灌木	红叶碧桃，苗木高 1.8 m	株	40
050102002010	栽植灌木	胶东卫矛球，修剪后高 1.0 m，冠幅 0.8 m	株	6
050102005001	栽植绿篱	胶东卫矛，修剪后高 60 cm，冠幅 20 cm	m^2	175.84
050102007001	栽植色带	红叶小檗，修剪后高 60 cm，冠幅 25 cm	m^2	15.00
050102007002	栽植色带	金叶女贞，修剪后高 60 cm，冠幅 20 cm	m^2	153.17
050102008001	栽植花卉	品种月季，2 年生	m^2	7.00
050102008002	栽植花卉	大花萱草，2 年生	m^2	70.48
050102012001	铺种草皮	狗牙根	m^2	2 760.51

二、堆砌假山及塑制假石山工程工程量清单的编制

【例 1－9】滨江花园绿地中有一土堆筑假山，如图 1－62 所示，山丘水平投影外接矩形长 8 m，宽 4.7 m，假山高 5.8 m，在陡坡外用石作护坡，每块石重 0.3 t，试求其清单工程量。

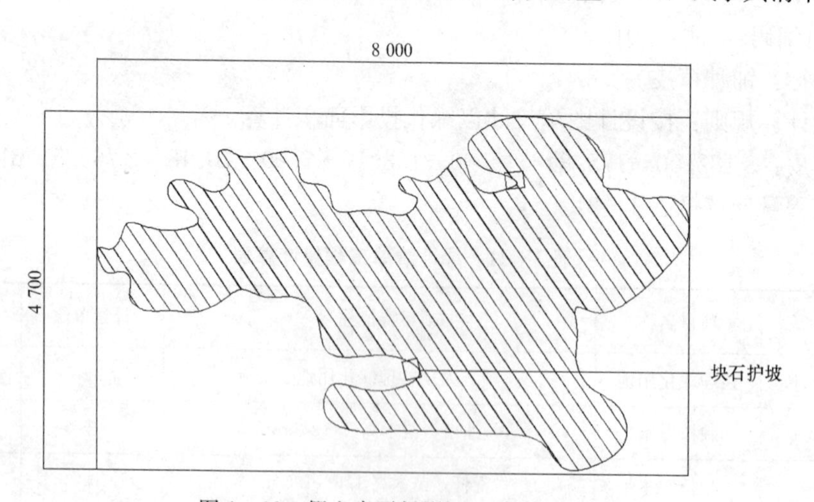

图 1－62　假山水平投影图（单位：mm）

解：项目编码：050301001。

项目名称：堆筑土山丘。

工程量计算规则：按设计图示山丘投影外接矩形面积乘以高度的 1/3 以体积计算。

堆筑土方体积：$V_{堆}=8\ \text{m}\times4.7\ \text{m}\times5.8\ \text{m}\times1/3=72.69\ \text{m}^3$

清单工程量计算见表 1－22。

表 1－22　堆筑土山丘清单工程量计算表

项目编码	项目名称	项目特征描述	计量单位	工程量
050301001001	堆筑土山丘	土丘外接矩形面积为 37.60 m²，假山高 5.8 m，块石护坡	m³	72.69

三、园路及园桥工程工程量清单的编制

【例 1－10】滨江花园住宅小区 3 号楼前绿地有一园路由浅色透水砖铺砌，路两侧设置有路牙，已知路长 30 m，宽 3 m，结构图如图 1－63 所示，路牙 500×300×120 的预制混凝土沿，请计算该园路工程量清单。

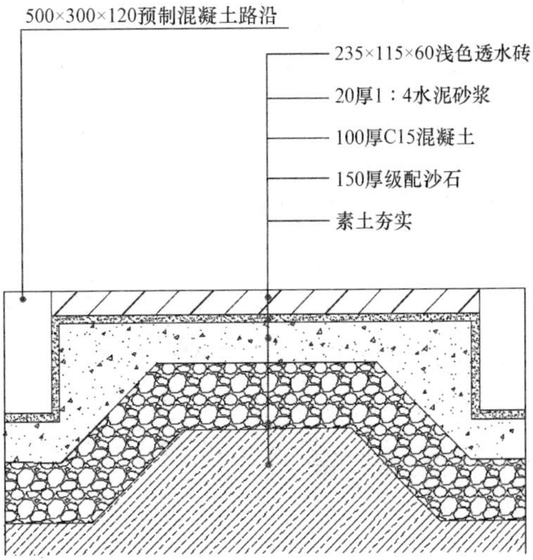

解：(1) 园路清单工程量。

项目编码：050201001。

项目名称：园路。

工程量计算规则：按设计图示尺寸以面积计算，不包括路牙。

园路的面积：$30\times3=90.00\ \text{m}^2$

(2) 路牙清单工程量。

项目编码：050201003。

项目名称：路牙铺设。

工程量计算规则：按设计图示尺寸以长度计算。

园路路牙长度：$30\times2=60.00\ \text{m}$

清单工程量计算见表 1－23。

图 1－63　园路结构图（单位：mm）

表 1－23　园路和路牙清单工程量计算表

项目编码	项目名称	项目特征描述	计量单位	工程量
050201001001	园路	C15 混凝土厚 100 mm，级配沙石厚 150 mm	m²	90.00
050201003001	路牙铺设	预制混凝土尺寸为 500 mm×300 mm×120 mm	m	60.00

四、园林景观工程工程量清单的编制

【例 1－11】滨江花园住宅小区 3 号楼前绿地有一木制扇形花架，柱、梁全为整根防腐木。柱子截面为 0.2 m×0.2 m，柱高 2.2 m，共 12 根；横梁截面为 0.1 m×0.2 m，梁长 2.2 m，共

28根；纵梁截面为0.1 m×0.2 m，梁长10 m，共2根，如图1-64所示，试求其清单工程量。

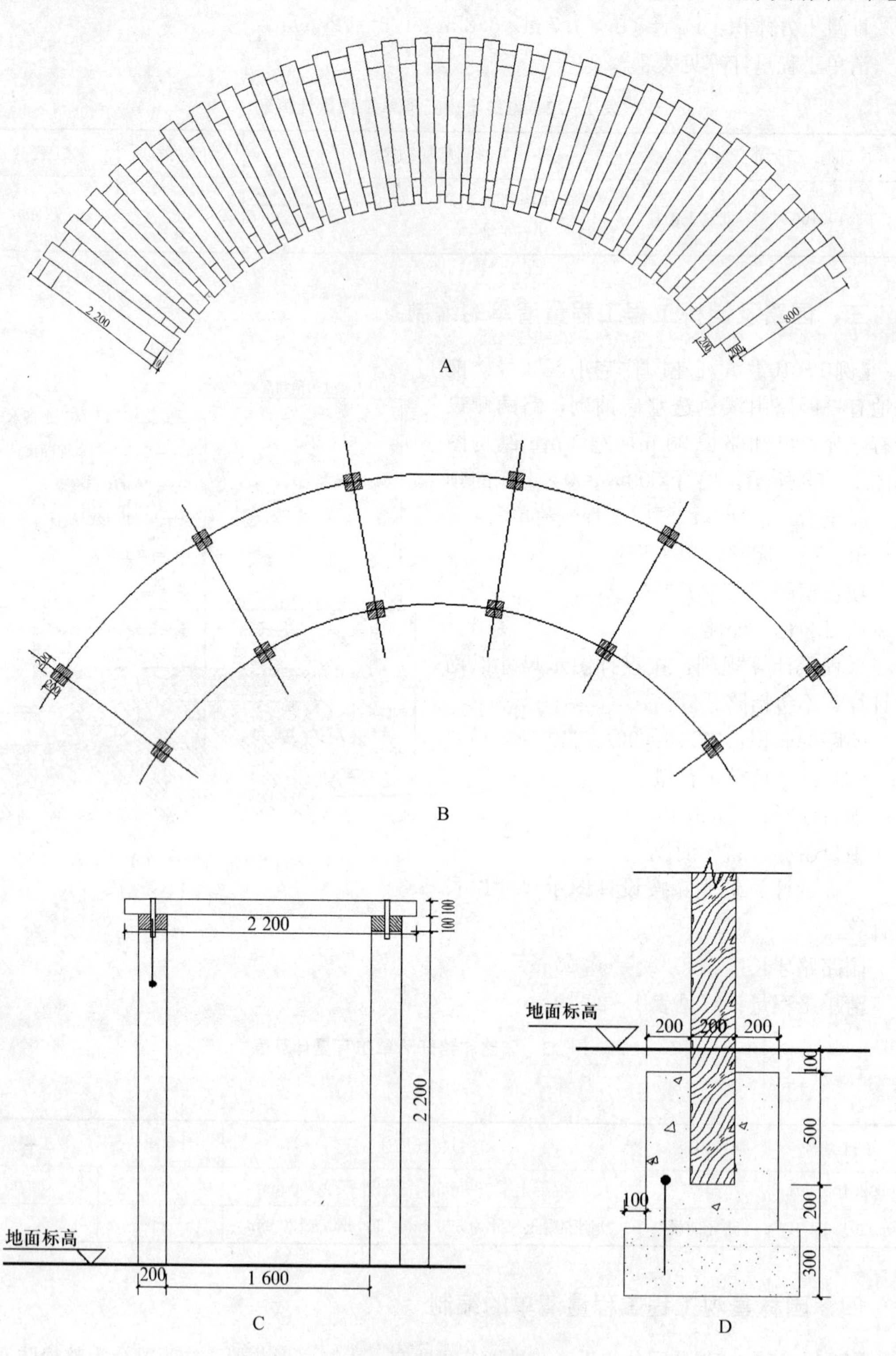

图1-64　花架结构图（单位：mm）

A. 花架平面图　B. 花架柱平面图　C. 花架立面图　D. 花架基础图

解：项目编码：050304004。

项目名称：木花架柱、梁。

工程量计算规则：按设计图示截面乘长度（包括榫长）以体积计算。

（1）花架柱体积：V=0.2 m×0.2 m×2.2 m×12=1.06 m^3

（2）花架横梁体积：V=0.1 m×0.2 m×2.2 m×28=1.23 m^3

（3）花架纵梁体积：V=0.1 m×0.2 m×10 m×2=0.40 m^3

$V_{梁}=V_{横}+V_{纵}$=（1.23+0.40）m^3=1.63 m^3

清单工程量计算见表1-24。

表1-24　木花架柱、梁清单工程量计算表

项目编码	项目名称	项目特征描述	计量单位	工程量
050304004001	木花架柱	防腐木柱截面面积为200 mm×200 mm	m^3	1.06
050304004002	木花架梁	防腐木横梁截面面积为100 mm×200 mm； 防腐木纵梁截面面积为100 mm×200 mm	m^3	1.63

>>> 巩固训练项目

图1-65为某小游园绿化工程施工平面图，园路结构图见图1-63，花架结构图见图1-64，请根据清单工程量计算规则计算其工程量。

>>> 拓展知识

中华人民共和国国家标准——园林绿化工程工程量计算规范（GB 50858—2013）。

>>> 评价标准

见表1-25。

表1-25　学生编制园林绿化工程工程量清单的评价标准

评价项目	技术要求	分值	评分细则	评分记录
清单项目列项	根据图纸和预算定额工具书，准确列出各分项工程名称	30分	列项正确完整，缺一项扣5分	
工程量计算公式	根据工程量清单计算规则，准确写出工程量计算公式	40分	工程量计算口径、规则、计量单位及精度要与规范一致，计算所用原始数据必须和设计图纸相一致；错算、漏算、多算等酌情扣1～8分	
工程量清单	根据工程量计算公式计算准确，并调整计算系数	30分	工程量清单答案准确，错一项扣5分	

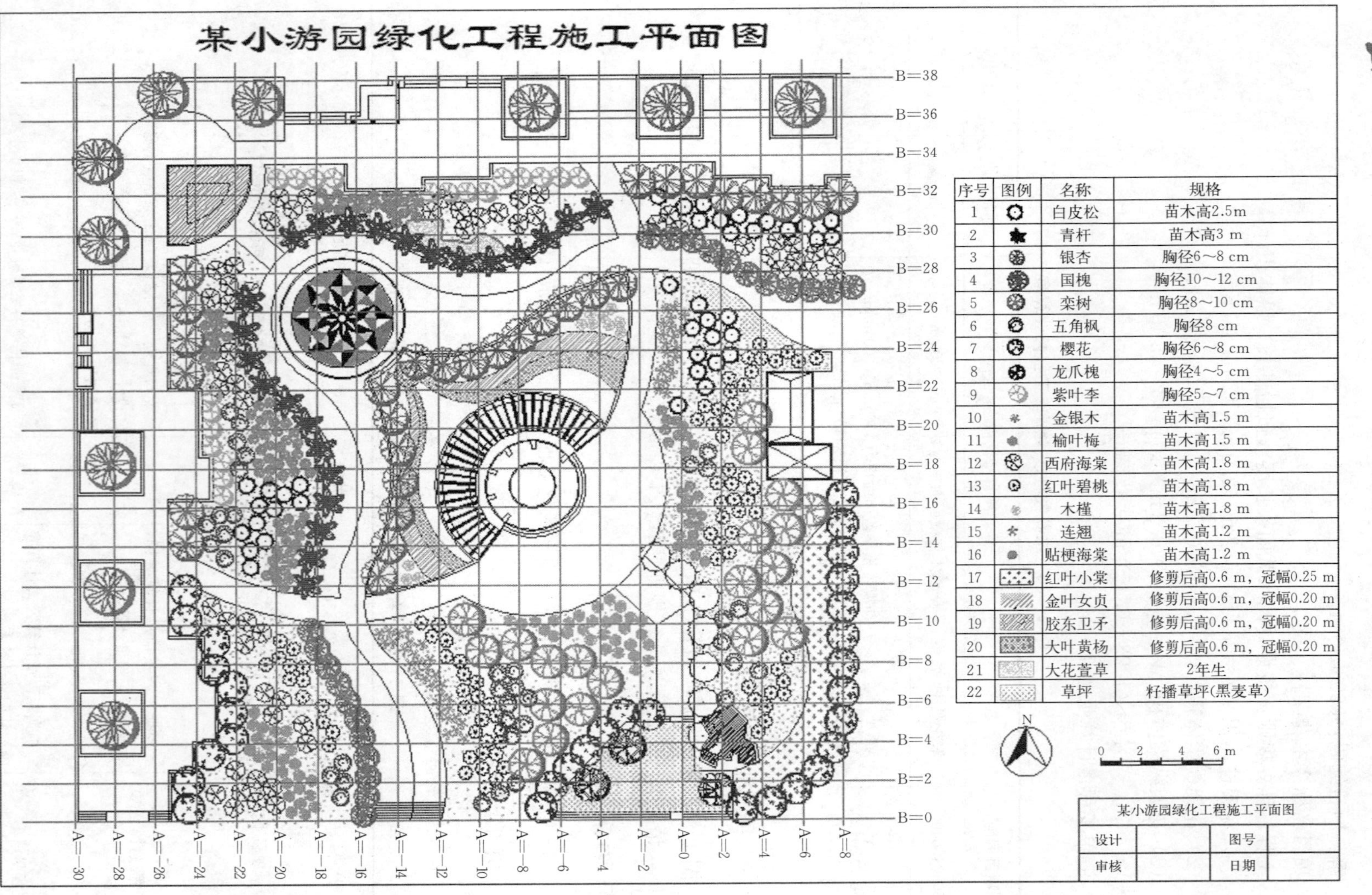

图1-65 某小游园绿化工程施工平面图

任务2　园林绿化工程工程量清单计价编制

>>> 任务目标

学会园林绿化工程清单计价编制。

>>> 任务描述

该任务要求学习者能够根据当地投标要求和园林绿化工程的基本操作规范要求，按照招标文件要求及提供的工程量清单项目确定组价内容，计算单位工程各项目费用，并根据价格信息进行合理的清单报价。

>>> 工作情景

根据提供的招标文件要求及提供的工程量清单，依据市场价格信息，对各项目清单进行合理报价。

>>> 知识准备

一、工程量清单计价

1. 工程量清单计价的概念　是指建设招标投标工程的过程中，招标人按照国家统一的工程量计算规则提供工程量，由投标人依据工程量清单自主报价，并按照经评审合理低价中标的规则实行的一种工程造价计价方式。

2. 实行工程量清单计价的目的

（1）实行工程量清单计价，是工程造价深化改革的产物。

（2）实行工程量清单计价，有利于企业自主报价和公平竞争。

（3）实行工程量清单计价，是促进建设市场有序竞争和企业健康发展的需要。

（4）实行工程量清单计价，有利于我国工程造价管理政府职能的转变。

（5）实行工程量清单计价，是适应我国加入世界贸易组织（WTO），融入世界大市场的需要。

3. 工程量清单计价的费用构成　包括分部分项工程费、措施项目费、其他项目费以及规费和税金。

（1）分部分项工程费。是指为完成分部分项工程量所需的实体项目费用。

（2）措施项目费。是指分部分项工程费以外，为完成该工程项目施工，发生于该工程施工前和施工过程中的技术、生活、安全等方面的非工程实体项目所需的费用。

（3）其他项目费。是指分部分项工程费和措施项目费以外，该工程项目施工中可能发生的其他费用。

（4）规费。是指经法律法规授权由政府有关部门对公民、法人和其他组织进行登记、注册、颁发证书时所收取的证书费、执照费、登记费等。

（5）税金。是指企业发生的除企业所得税和允许抵扣的增值税以外的企业缴纳的各项税金及其附加。即企业按规定缴纳的营业税、城市维护建设税、教育费附加和地方教育费附加。

二、园林绿化工程工程量清单计价规范

1. 概况　《建设工程工程量清单计价规范》是根据《中华人民共和国招标投标法》、住

房和城乡建设部《建筑工程施工发包与承包计价管理办法》等法规和规定，结合我国工程造价管理现状，总结有关省市工程量清单试点的经验，借鉴国际有关工程量清单计价的通行做法，按照我国工程造价管理改革的要求编制而成，是我国深化工程造价管理改革的重要举措。

《建设工程工程量清单计价规范》的形成与改革历程艰难，已经历了三次大的变革，现在通用的是 2013 版本。2003 年第一次发布国家标准《建设工程工程量清单计价规范》(GB 50500—2003)（简称“03 规范”），“03 规范”主要侧重于工程招投标中的工程量清单计价，对工程合同签订、工程计量与价款支付、合同价款调整、索赔和竣工结算等方面缺乏相应的规定；2008 年第二次发布《建设工程工程量清单计价规范》(GB 50500—2008)（简称“08 规范”），“08 规范”实施以来，对规范实施阶段的计价行为起到了良好的作用，但由于附录没有修订，还存在不完善的地方；2013 年第三次发布《建设工程工程量清单计价规范》(GB 50500—2013)（简称“13 规范”）和《房屋建筑与装饰工程工程量计算规范》(GB 50854—2013)、《仿古建筑工程工程量计算规范》(GB 50855—2013)、《通用安装工程工程量计算规范》(GB 50856—2013)、《市政工程工程量计算规范》(GB 50857—2013)、《园林绿化工程工程量计算规范》(GB 50858—2013)、《矿山工程工程量计算规范》(GB 50859—2013)、《构筑物工程工程量计算规范》(GB 50860—2013)、《城市轨道交通工程工程量计算规范》(GB 50861—2013)、《爆破工程工程量计算规范》(GB 50862—2013) 共九本计量规范（简称“13 计量规范”）。

2.《园林绿化工程工程量计算规范》(GB 50858—2013) 《园林绿化工程工程量计算规范》(GB 50858—2013) 包括：总则、术语、工程计量、工程量清单编制、附录、规范用词说明、引用标准目录、条文说明。其中，附录包含：附录 A. 绿化工程、附录 B. 园路园桥工程、附录 C. 园林景观工程、附录 D. 措施项目，共 18 节 144 个项目。

三、工程量清单计价的格式

工程量清单计价编制应采用统一格式。工程量清单计价格式应由下列内容组成。

1. 封面 工程量清单计价编制封面见图 1-66。

2. 扉页 工程量清单计价编制扉页见图 1-67。

3. 总说明 工程量清单计价编制总说明见图 1-68。

4. 建设项目投标报价汇总表

表 1-26 建设项目投标报价汇总表

工程名称： 第 页 共 页

序号	单项工程名称	金额（元）	其中：（元）		
			暂估价	安全文明施工费	规费
合 计					

______________________________ 工程

投　标　总　价

投　标　人：______________________________

（单位盖章）

年　　月　　日

图 1－66　工程量清单计价编制封面

投 标 总 价

招　　标　　人：____________________

工　程　名　称：____________________

投标总价（小写）：____________________

（大写）：____________________

投　　标　　人：____________________

（单位盖章）

法定代表人：____________________

或其授权人：____________________

（单位盖章）

编　　制　　人：

（单位盖章）

时　　间：　　　年　月　日

图 1－67　工程量清单计价编制扉页

工程名称：　　　　　　　　　　　　　　　　　　　　　第　页　共　页

1.工程概况 2.投标报价包括范围 3.投标报价编制依据 4.其他

图1-68　工程量清单计价编制总说明

5. 单项工程投标报价汇总表（表1-27）

表1-27　单项工程投标报价汇总表

工程名称：　　　　　　　　　　　　　　　　　　　　　第　页　共　页

序号	单项工程名称	金额（元）	其中：（元）		
			暂估价	安全文明施工费	规费
合　计					

6. 单位工程投标报价汇总表（表1-28）

表1-28　单位工程投标报价汇总表

工程名称：　　　　　　　　　　　　　　　　　　　　　第　页　共　页

序号	汇总内容	金额（元）	其中：暂估价（元）
1	分部分项工程		
2	措施项目		
3	其他项目		
4	规费		
5	税金		
合　计			

7. 分部分项工程和单价措施项目清单与计价表（表1-17）　表中综合单价指完成一个规定清单项目所需的人工费、材料和工程设备费、施工机具使用费和企业管理费、利润以及一定范围内的风险费用。

8. 综合单价分析表（表1－29）

表1－29　综合单价分析表

工程名称：　　　　　　　　　　　　　　　　　　　　　　　　　　　　　第　页　共　页

项目编号		项目名称				计量单位		工程量			
清单综合单价组成明细											
定额编号	定额项目名称	定额单位	数量	单价				合价			
				人工费	材料费	机械费	管理费和利润	人工费	材料费	机械费	管理费和利润
人工单价		小计									
元/工日		未计材料费									
清单项目综合单价											
主要材料名称、规格、型号						单位	数量	单价（元）	合价（元）	暂估单价（元）	暂估合价（元）
材料费明细											
	其他材料费										
	材料费小计										

9. 总价措施项目清单与计价表　见表1－18。

10. 其他项目清单与计价表　见表1－19。

11. 规费、税金项目计价表　见表1－20。

>>> 任务实施

一、核实园林绿化工程工程量清单

复核拟建工程项目招标文件中的清单工程量。

二、计算综合单价

1. 确定组价内容　根据工程量清单项目名称，结合拟建工程的实际，《园林绿化工程工程量计算规范》附录表清单项目中的“工作内容”确定该项目主体工程内容及相关的工程内容。

2. 计算组价内容工程量 根据定额工程量计算规则，分别计算清单项目所包含的每项工程的工程量。

3. 计算含量 分别计算清单项目的单位工程量应包含的某项工程内容的定额工程量。

4. 确定定额基价 根据定额预算书确定定额基价，包括人工费、材料费、机械费等。

5. 计算含量中的人材机价款 人材机价款 5. =3. ×4. 。

6. 计算单位清单项目人材机价款 单位清单项目人材机价款 6. =∑5. 。

7. 确定费率 根据省建设工程费用标准，结合本企业和市场的情况，确定管理费率、利润率。

8. 计算管理费和利润 根据省建设工程费用标准，确定取费基数为人工费，即 8. =6. 中的人工费×（管理费+利润）。

9. 计算清单项目综合单价 清单项目综合单价 9. =∑［6. +8. ］。

10. 计算清单项目综合单价 清单项目综合单价 10. =9. /清单项目工程工程量。

三、清单项目组价

1. 分部分项工程费 分部分项工程量清单合价=工程量×综合单价。

2. 措施项目费 措施项目组价包括不可计量措施项和可计量措施项。

（1）不可计量措施项。根据省建设工程费用标准，结合本企业和市场的情况，确定对应措施项目费率。

（2）可计量措施项。根据拟建工程实际情况，列出所有可计量措施项目，按照分部分项组价的方法进行组价。

3. 其他项目费 根据工程实际及所提供的内容进行填写。

4. 规费 规费=（分部分项工程费+措施项目费+其他项目费）×相应规费费率。

5. 税金 税金=（分部分项工程费+措施项目费+其他项目费+规费）×税率。

四、工程量清单报价

（1）填写封面（图 1-66、图 1-67）。

（2）编制总说明（图 1-68）。

（3）编制工程项目总价表（表 1-26）。

（4）编制单项工程总价表（表 1-27）。

（5）编制单位工程汇总表（表 1-28）。

（6）编制分部分项工程量清单报价表（表 1-17）。

（7）编制分部分项工程量清单综合单价分析表（表 1-29）。

（8）编制措施项目清单报价表（表 1-18）。

（9）编制其他项目清单报价表（表 1-19）。

（10）编制规费、税金项目计价表（表 1-20）。

五、审核、装订成册

所有报表编制完后，进行审核，按顺序装订成册。

>>> 巩固训练项目

完成“项目1-子项目3-巩固训练项目”任务1中的工程预算书（清单计价）。

>>> 拓展知识

1. 中华人民共和国国家标准——建设工程工程量清单计价规范（GB 50500—2013）。
2. 山西省建设工程计价依据——建设工程费用定额（2011）。
3. 山西省建设工程计价依据——园林绿化工程预算定额（2011）。
4. 山西省建设工程计价依据——建筑工程预算定额（2011）。

>>> 评价标准

见表1-30。

表1-30 学生编制园林绿化工程工程量清单计价的评价标准

评价项目	技术要求	分值	评分细则	评分记录
工程项目列项	工程项目列项完整，项目编码、项目名称正确	10分	列项正确完整，缺一项扣5分	
工程量计算	工程量计算口径、规则、计量单位及精度要与规范一致，计算所用原始数据必须和设计图纸相一致	25分	工程量答案准确，错一项扣5分	
清单组价	能正确进行清单定额子目的套用； 能正确进行定额子目的换算	20分	定额套入完整无误，错套、漏套、多套等酌情扣1～8分； 定额子目换算错误者扣5分	
措施项目费编制	能正确编制工程措施项目费	10分	能熟练编制工程措施项目费，项目不完整的酌情扣1～10分	
其他项目费编制	能正确编制其他项目费	10分	能熟练编制其他项目费，项目不完整的酌情扣2～3分	
项目汇总	项目费用完整，计算正确	15分	项目费用完整无误，错套、漏套、多套等酌情扣1～8分	
报表	报表规范完整，资料归档，装订整齐	10分	报表内容完整，缺一项酌情扣1～5分	

任务3 运用园林工程预算软件编制园林绿化工程工程量清单并报价

>>> 任务目标

本任务的目标是让学习者明确软件的基本操作程序，进一步熟悉软件，能运用计价软件编制园林绿化工程工程量清单并报价。

>>> 任务描述

通过运用当地预算软件，按照各地园林工程招投标的要求，编制园林绿化工程工程量清单并根据价格信息进行清单报价。因各地招投标所选用的软件不同，学习该部分内容必须与当地常用预算软件或者当地投标评标的要求相结合，选择合适的预算软件进行学习训练。该部分内容主要是让学生熟练掌握预算软件的操作方法。

>>> 工作情景

根据当地投标要求和园林绿化工程的基本操作规范要求，参考市场价格信息，对各项目清单进行合理报价。整个编制过程要求结合当地常用招投标预算软件编制完成。

>>> 知识准备

一、计算机软件介绍

园林工程预算软件有定额计价软件和清单计价软件，自 2003 年 7 月 1 日我国实施工程量清单计价方法后，清单计价软件已占据多半市场，许多软件公司也相继参与清单计价软件的开发和服务，现在市场上常用的有筑业、神机妙算、筑龙、鲁班、广联达等软件公司研发的计价软件。

1. 筑业清单大师 北京筑业志远软件开发有限公司研发的“筑业清单大师——工程量清单计价软件”是根据住房和城乡建设部《建设工程工程量清单计价规范》以及各省、市造价管理执行标准研制开发的一种计价软件。该软件具有如下特点。

(1) 先进的树形操作方法。软件进行多级分级管理，可以新建项目工程，对项目工程、单项工程、单位工程进行分级管理，并可自动生成相关汇总表。

(2) 多方位的数据接口。清单软件在“导入招标文件”中提供了无缝链接功能，在整个招投标、预结算过程中，实现无障碍数据传递。可以直接从 EXCEL 中将清单编号、项目名称、计量单位、工程量、工作内容、项目特征等快速导入，节省清单录入的时间。

(3) 全面的定额指引查询库。软件根据各地区造价管理执行标准、规定、条文编制开发，包含多个专业定额库、取费方式的查询，不同地区的版本可应用于不同地区不同专业的清单编制。

(4) 强大的定额维护及人材机管理功能。通过定额维护可以对定额、人材机及费率信息进行相应的修改和维护，使定额更加适合实际工程的需要。

(5) 灵活的系统设置功能。系统可以进行组价方式设置、定额录入设置、小数位数设置、措施取费设置，还可以将“未计价材料自动寻价”“单价允许修改”“子目主材、设备单列”等多个选项并存，各选项可自由组合，实现量价调整的自由灵活。

(6) 全方位的造价调整功能。系统可以在最短的时间里实现工程总价的调整和分摊，同时可以通过筑业造价信息下载网站，随时掌握当时的材料市场价格信息，实现自动调整和查询。

(7) 快速的实时汇总功能。在清单编制过程中，各费用项关联更新，实时汇总。

(8) 强有力的快速组价功能。软件中提供的用户清单功能，可以把清单项下所做的所有

操作都记录下来，包括系数调整、材料换算、借定额等，下次再用到此项清单信息时直接双击录入即可带出所有已操作过的数据。

（9）人性化的报表设计。提供多种格式报表，根据招标要求，灵活选择、使用最新的报表设计功能，并可灵活设计各种复杂结构报表，实现用户对报表的个性化设置。

（10）方便快捷的报表导出功能。软件支持Excel格式及PDF格式文件导出。

2. 神机妙算——清单专家　上海神机妙算软件有限公司研发的“神机妙算——清单专家”计价软件是国内第一套将工程量清单报价与传统定额计价巧妙融合在一个窗口内的工程造价软件，轻松实现清单计价与定额计价的完美过渡与组合。清单专家软件设计先进、格式标准、数据权威，轻松实现各专业工程量清单与投标报价编制，软件提供的12输入法和内置清单项目指引数据库，为工程量清单报价编制人员提供智能化组价指引，快速提高工作的质量和效率，同时，清单专家将清单项目和组价结果自动生成网络计划图、人力资源分布图、各种材料的使用分布情况表、资源分布情况表，实现了清单专家与投标系统的无缝挂接，提高企业的招投标竞争力。

3. 筑龙建设工程造价管理软件　筑龙建设工程造价管理软件是筑龙工程量清单整体解决方案的核心产品，系统界面简洁明了，便于操作。系统独创的统一材料编码库，具有方便跨专业的清单输入、定额换算、材料分析等功能，同时也保证了各专业工程材料价格的一致性；具有强大的换算功能，可以实现任意组合的换算，并对换算过程进行全程记录，便于日后进行核对；具有灵活的取费方式，可以根据需要任意组合，减少多专业、多种取费的疑难；具有智能组价功能，同类清单项组价内容可进行选配，实现快速组价；具有强大的调价功能，可以根据需要对整个项目、单位工程或是部分清单进行任意调价，快速响应投标报价。

4. 鲁班算量计价软件　鲁班算量计价软件是国内率先基于Auto CAD图形平台开发的工程量自动计算软件，它利用Auto CAD强大的图形功能，充分考虑了我国工程造价模式的特点及未来造价模式的发展变化。软件易学、易用，内置了全国各地定额的计算规则，可靠、细致，与定额完全吻和，不须再作调整。由于软件采用了三维立体建模的方式，使得整个计算过程可视，工程均可以三维显示，最真实地模拟现实情况。智能检查系统，可智能检查用户建模过程中的错误。强大的报表功能，可灵活多变地输出各种形式的工程量数据，满足不同的需求。

5. 广联达计价软件GBQ4.0　广联达计价软件GBQ4.0是广联达推出的融计价、招标管理、投标管理于一体的全新计价软件，产品覆盖全国30多个省市的定额，支持不同时期、不同专业的定额库，具有操作简单、设置灵活，组价快速、调价方便、报表简便、处理快速等特点。

二、园林工程预算软件的应用

全国各省所用的园林工程预算软件都不同，但其基本操作都大同小异，学会了一种软件的使用方法，其他软件也能很快掌握。本节主要以北京广联达软件开发有限公司的“广联达计价软件GBQ4.0”为例，结合山西省定额标准进行软件应用的介绍。各个地区在本节教学过程中请根据该地区常用清单软件进行讲解。

1. 安装与运行

同项目1-子项目2-任务2.3中的相关内容。

2. 软件操作界面

同项目1-子项目2-任务2.3中的相关内容。

3. 工程量清单计价编制

(1) 建立项目。

(2) 编制清单计价文件。

第一步，进入单位工程。

第二步，填写工程概况。

第三步，预算书设置。

第四步，分部分项工程量清单的编制与组价，包括清单项目录入；设置清单项目特征编辑及其工作内容的录入；清单项目组价。

第五步，措施项目清单编制。

第六步，其他项目清单的编制。

第七步，人材机汇总。

第八步，费用汇总。

第九步，报表。

第十步，保存、退出。

(3) 投标报价。

第一步，统一调价，包括统一调整人材机。

第二步，项目检查，包括检查项目编码；检查清单综合单价；检查清单工程量。

第三步，报表输出。

>>> 任务实施

现以滨江花园住宅为例来说明清单软件的基本操作步骤。该住宅小区包括1号楼、2号楼和3号楼绿地，根据施工图纸编制施工图预算。整体操作流程分为：建立项目、编制清单及组价、投标报价三个阶段。

一、建立项目

见项目1-子项目2-任务3中的介绍。

二、编制清单及组价

工程项目建立后，开始编制单位工程清单。现以“1号楼-绿化工程”清单文件为例(1号楼绿地工程项目主要包括绿化工程、建筑工程、给排水工程)，来介绍软件操作。

1. 进入单位工程　见项目1-子项目2-任务3中的介绍。

2. 填写工程概况　见项目1-子项目2-任务3中的介绍。

3. 预算书设置　见项目1-子项目2-任务3中的介绍。

4. 分部分项工程量清单的编制与组价　点击导航栏中的“分部分项”按钮，进入“分部分项”清单编制页面，进行“滨江花园-1号楼-绿化工程”清单的编制与组价。

（1）清单项目录入。清单项目的录入方法比较多，介绍广联达计价软件常用的四种清单项目的录入方法，可根据需要灵活选取录入方法。

① 直接录入。见项目 1 -子项目 2 -任务 2.3 中的介绍。

② 查询录入。如果清单项目存在多个计量单位，应结合拟建项目的实际情况，选择其中一个作为计量单位。如须录入“栽植灌木，榆叶梅 60 株”，选择“050102002 栽植灌木”清单项目，弹出“选择清单单位”窗口，选择“栽植灌木　株”，点击“确定”即可录入，如图 1－69 所示。

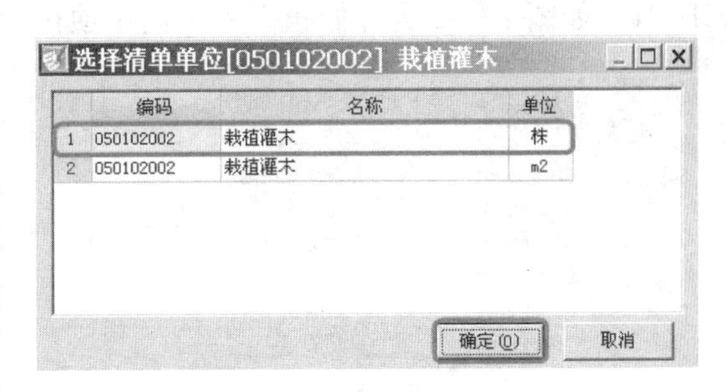

图 1－69　“选择清单单位”窗口

【注意事项】已选择“栽植灌木”清单项目的单位为“株”，当再次输入该清单时，软件自动默认此清单单位为株，无须再弹框选择，如图 1－70 所示。这保障了 2013 计量规范附录中规定的“同一工程清单项目计量单位应一致”的要求。

	编码	类别	名称	标记	专业	锁定综合单价	项目特征	单位
	−		整个项目			☐		
1	+ 050101010001	项	整理绿化用地			☐		m2
2	050102002003	项	栽植灌木			☐	自动默认	株
3	050102002004	项	栽植灌木			☐		株
4	050102002001	项	栽植灌木			☐		株
5	050102002002	项	栽植灌木			☐		株

图 1－70　同一清单输入“单位自动默认”界面

③ 导入 Excel 录入。见项目 1 -子项目 2 -任务 2.3 中的介绍。

④ 批量录入。对于类似清单项目的录入，可以进行复制、粘贴，最后根据实际情况修改工程内容及工程量，如图 1－71 所示。

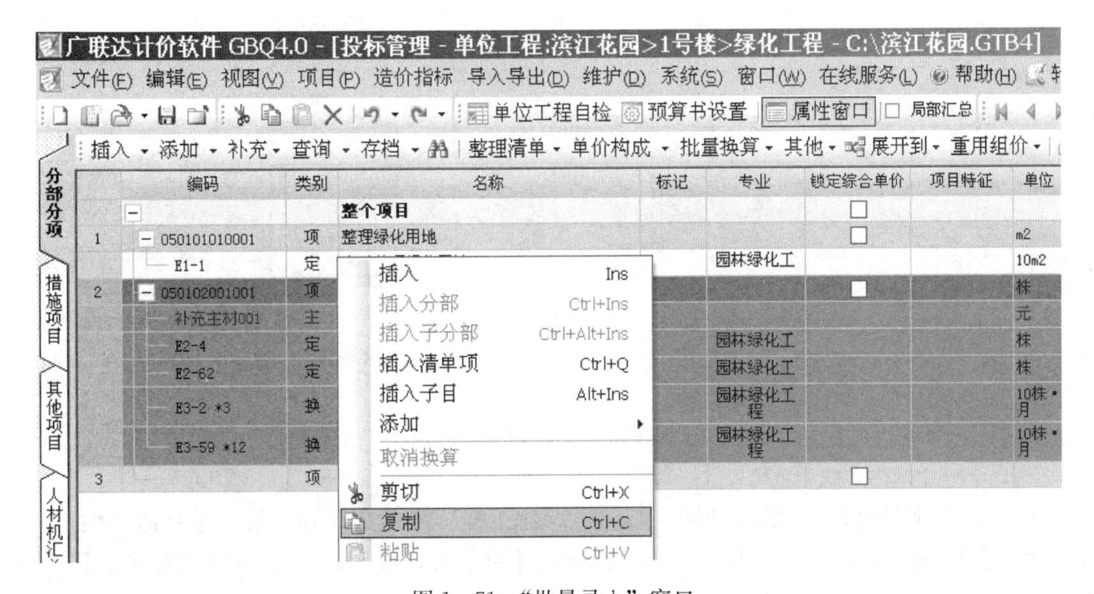

图 1－71　“批量录入”窗口

⑤ 补充清单录入。补充清单的编号，按照清单规范要求自动生成，由专业代码（数字表示）＋B（补）＋三位顺序码组成。对于园林工程而言，补充的第一个清单编码应为05B001，如图1－72为“假植乔木”清单项目的补充操作窗口。

	编码	类别	名称	标记	专业	锁定综合单价	项目特征	单位	工程
−			整个项目			□			
1	050101010001	项	整理绿化用地			□		m2	1
2	050102001001	项	栽植乔木			□		株	1
3	050102002001	项	栽植灌木			□		株	1
4	050102008001	项	栽植花卉			□		株	1
5	050102012001	项	铺种草皮			□		m2	1
6	050102005001	项	栽植绿篱			□		m	1
7	05B001	补项	假植乔木			□	1.乔木种类 2.乔木胸径 3.养护期	株	1

图1－72 “补充清单项目”界面

（2）清单项目特征及其工作内容设置。清单项目录入完，选择需要设置的清单项目进行属性设置。

点击属性窗口中的【特征及内容】，在“特征及内容”窗口中设置要输出的工作内容，并在“特征值”列通过下拉选项选择项目特征值或手工输入项目特征值；然后在“清单名称显示规则”窗口中设置名称显示规则，点击【应用规则到所选清单项】，则项目特征、工作内容显示到当前选中的清单项目中，如点击【应用规则到全部清单项】，则项目特征、工作内容显示到当前预算书所有清单项目中。如图1－73为整理绿化用地的项目特征、工作内容设置及其显示。

（3）清单项目分部整理及排序。清单项目列出后，应该对工程量清单进行整理排序。广联达清单软件提供了自动分部整理、手动添加分部、清单排序、保存和还原清单顺序四种处理方法。

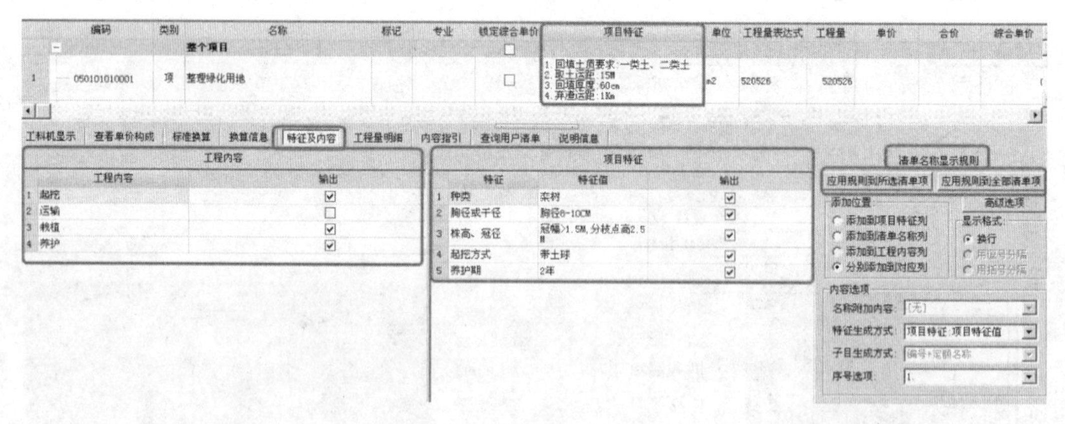

图1－73 “特征及内容”窗口

（4）清单项目组价。“滨江花园－1号楼－绿化工程”清单文件导入后，进行清单组价。

① 定额子目录入。组价时，先进行定额子目的录入，最后输入子目的工程量。输入定额子目的方法主要有：直接输入、跟随输入、查询输入、补充子目输入、内容指引、借用定

额子目。这里重点介绍跟随录入与内容指引。

Ⅰ跟随输入。如果要输入的子目和前一条子目属于同一章，那么，直接输入子目号，无须输入章号，软件会自动增加章号，例如，在上一条子目（F2－3）的下面直接输入2，则定额号自动生成为E2－2。

Ⅱ内容指引。选择需要录入的清单项目，点击属性窗口上的【内容指引】按钮，在“清单指引”界面中根据工作内容选择相应的定额子目，然后双击即可输入，可以连续双击，同时输入多条定额子目。如图1－74为“整理绿化用地”清单项目的定额子目录入。

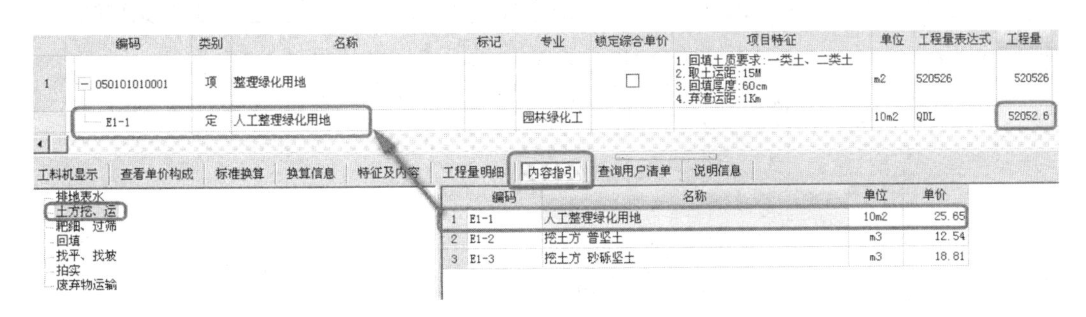

图1－74　“定额子目录入”窗口

② 定额子目换算。见项目1－子项目2－任务2.3的相关内容介绍。

5. 措施项目清单编制　点击“措施项目”按钮，进入措施项目清单编辑窗口。措施项目的计算分为不可计量措施项和可计量措施项两类，分别组价后，软件会自动合计。

（1）不可计量措施项编辑。广联达计价软件已按专业分别给出组价项，我们根据拟建工程的实际情况进行增加和删除，通过费率定额库选择相应费率，双击即可完成，如图1－75所示。

	序号	类别	名称	单位	项目特征	组价方式	计算基数	费率（%）	工程量	综合单价	综合合价	人工费合
	一		总价措施								3122273.23	54271
			建设工程措施项目								3122273.23	54271
1	050405001001		安全文明施工（含环境保护、文明施工、安全施工、临时设施）	项		子措施组价			1	1586023.86	1586023.86	27568
2	1.1		文明施工	项		计算公式组价	RGF	0.91	1	13979.87	13979.87	242
3	1.2		安全施工	项		计算公式组价	RGF	1.06	1	16284.25	16284.25	283
4	1.3		生活性临时设施	项		计算公式组价	RGF	1.27	1	19510.37	19510.37	339
5	1.4		生产性临时设施	项		计算公式组价	RGF		1	1536249.37	1536249.37	26702
6	050405002001		夜间施工	项								
7	050405003001		非夜间施工照明	项								
8	050405004001		二次搬运	项								
9	050405005001		冬雨季施工	项								
10	050405006001		反季节栽植影响措施	项								
11	050405007001		地上、地下设施的临时保护设施	项								
12	050405008001		已完工程及设备保护	项								

查看单价构成　工料机显示　标准换算　换算信息　特征及内容　工程量明细　说明信息

序号	费用代号	名称	计算基数	基数说明	费率（%）	单价
1　一、	A	直接费	A1 + A2 + A3	人工费+材料费+机械费		1335149.19

定额库：山西省园林工程预算定额（2011）

一、措施费
(一)施工组织措施费
1. 总承包
2. 专业承包
地基处理工程
大型土石方工程
金属结构工程
防水防腐保温工程
装饰装修工程
安装工程
单独绿化工程
炉窑砌筑工程
桥梁工程
仿古、园林工程

	名称	费率值（%）
1	安全施工费	1.06
2	文明施工费	0.91
3	生活性临时设施费	1.27
4	生产性临时设施费	0.7
5	夜间施工增加费	0.36
6	冬雨季施工增加费	0.4
7	材料二次搬运费	0.87
8	停水停电增加费	0.08
9	工程定位复测、工程点交、场地清理费	0.06
10	室内环境污染物检测费	0

图1－75　“措施项目清单编辑”窗口

【注意事项】计算公式组价项，在进行费率选择前必须正确选择计算基数。

（2）可计量措施项编辑。选择技术措施项目下的可计量措施清单行，在界面工具条中点击【查询】，在弹出的查询窗口里，点击“清单指引”按钮，找到相应措施清单项（如“050403001001树木支撑架”），双击或点击【插入清单】，即可输入组价清单项，如图1－76

所示。

根据拟建工程实际情况，输入所有需要组价清单项后，双击选择的组价清单进行定额子目的录入。如双击“050403001001 树木支撑架”清单，在弹出的查询窗口里，点击“定额”按钮，找到相应措施清单定额子目（如“E2－184 树木支撑 树棍桩 三角桩”），双击或点击【插入】，即可输入组价清单定额子目（图 1－77），最后在“工程量”栏输入工程量。

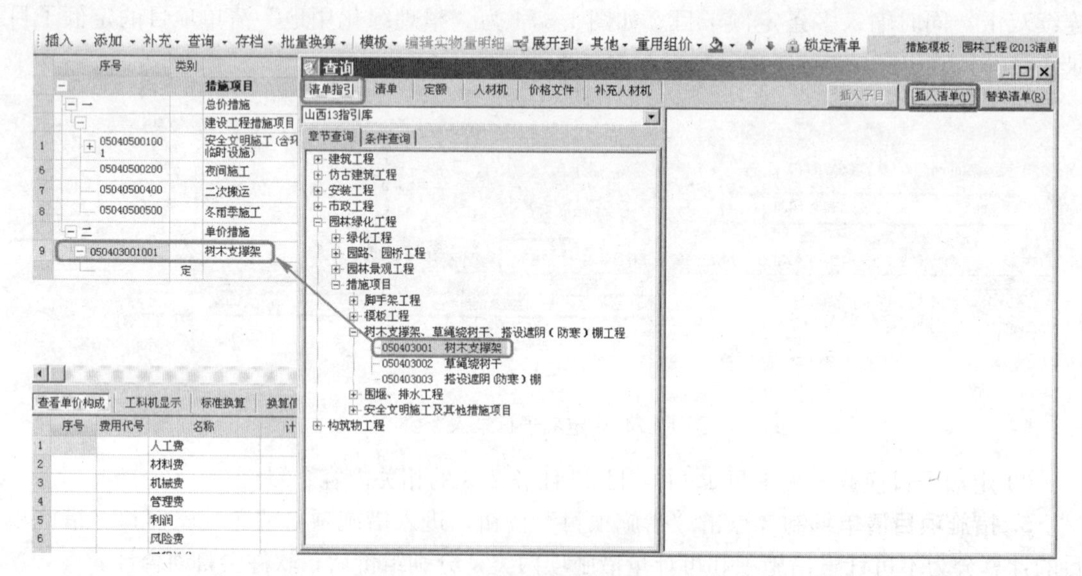

图 1－76 “清单组价项输入”窗口

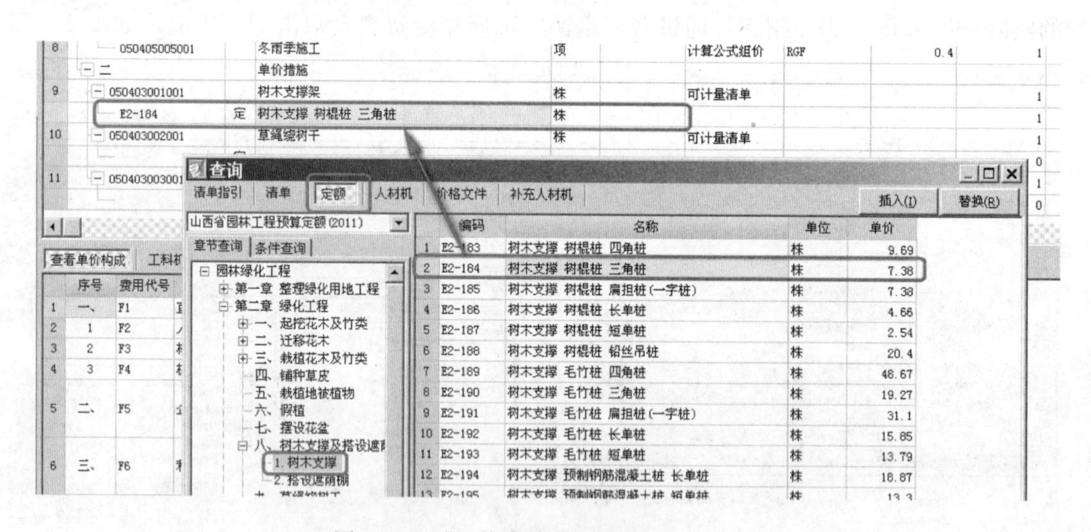

图 1－77 “组价清单定额子目输入”窗口

6. 其他项目清单的编制 其他项目清单包括暂列金额、暂估价、计日工、总承包服务费等内容。编制其他项目清单时，选择其他项目清单下的项目内容进行编制，编制完成后，系统会自动汇总。如根据工程实际情况，在本项目工程中输入“暂列金额 30 000 元”（图 1－78），和“总承包服务费 1 000 元”，其他项目即会显示图 1－79 所示内容。

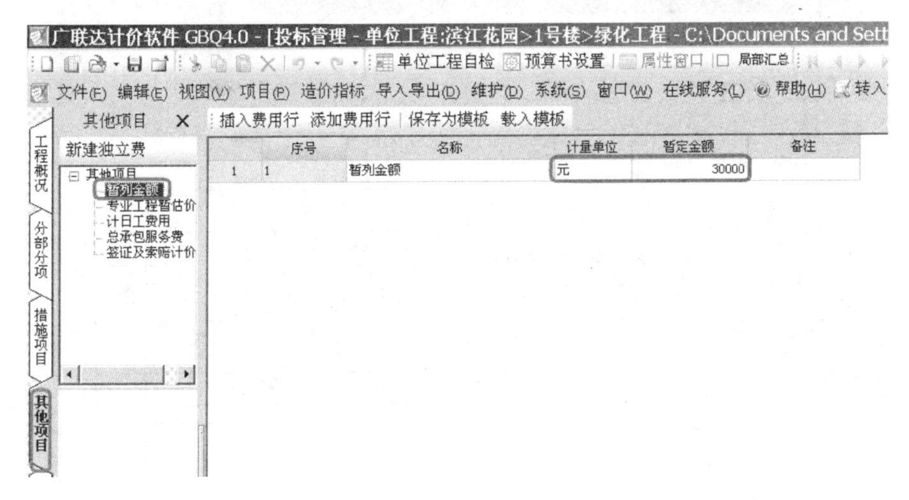

图 1-78　“其他项目——暂列金额”输入界面

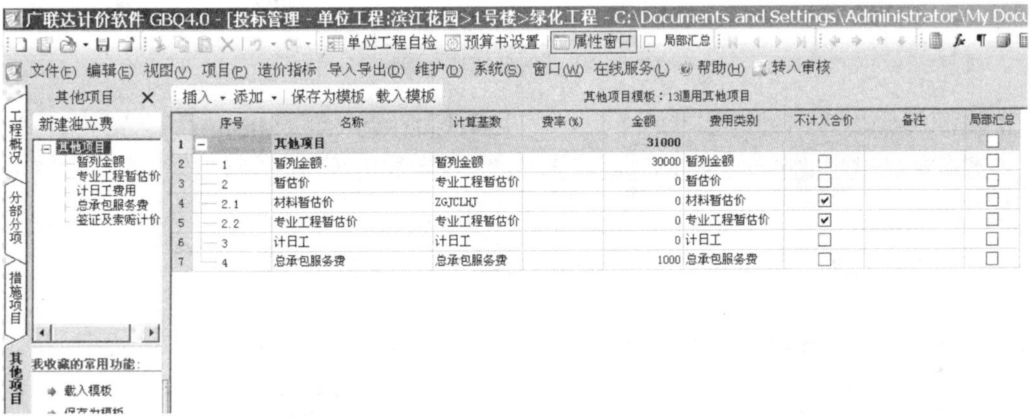

图 1-79　“其他项目”输入界面

7. 人材机汇总　“分部分项”“措施项目”“其他项目”编制完成后，软件自动进行人材机汇总，可以通过“直接修改市场价”和“载入信息价”进行价格调整。

8. 费用汇总　点击导航栏中的【费有汇总】进入工程取费界面后进行相应操作。

9. 报表　点击通用工具条中【报表】，进入报表页面。

（1）预览报表。

（2）编辑设计报表。选择需要编辑的报表，点击 简便设计 按钮，进入简便设计界面（图 1-80），可以对报表的“页面设计”“页眉页脚”“标题表眉”“报表内容”等进行设置。

（3）输出报表。报表输出包括“打印报表”和“导出报表”。

① 打印报表。点击“　”按钮，根据需要进行“单个报表打印”和“批量打印”。

② 导出报表。报表数据除程序提供的格式打印保存外，还可以将其单个或者批量转化为 Excel 或 PDF 格式文件，方便打印、查看，如图 1-81 所示。

10. 保存、退出。

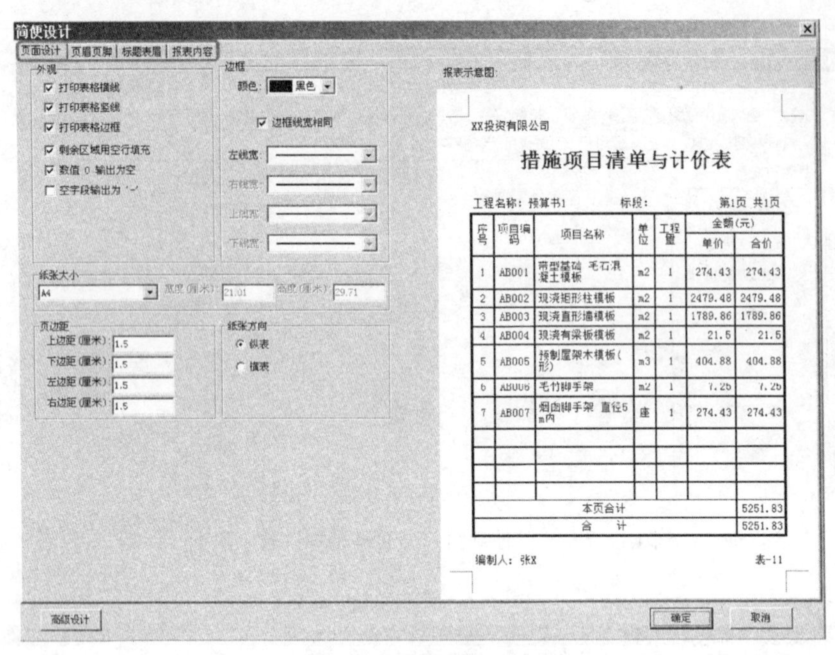

图 1-80 “简便设计”窗口

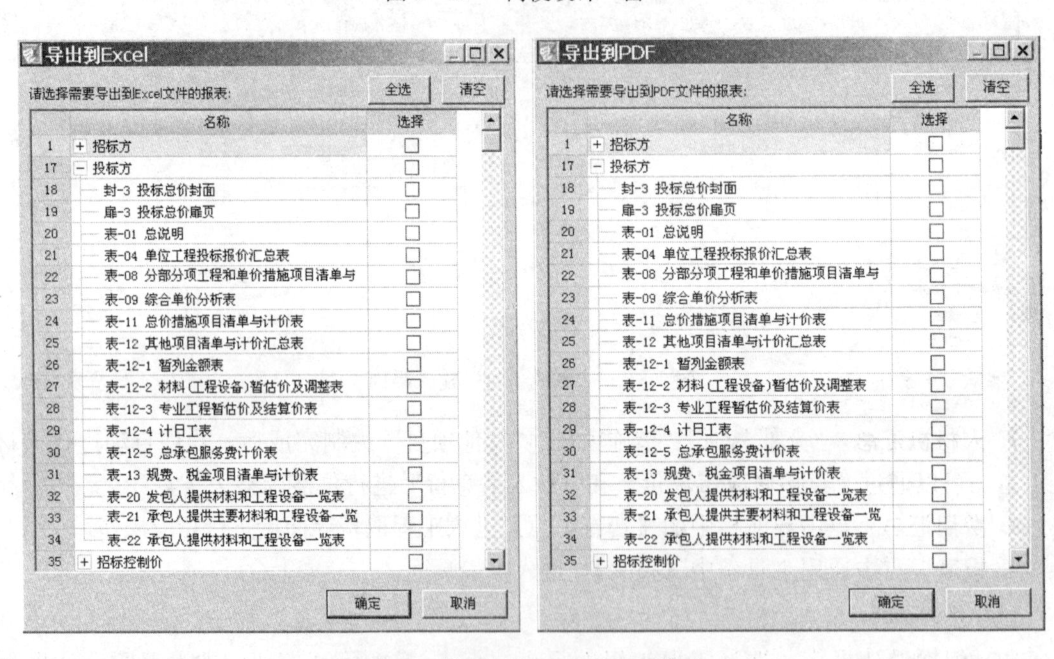

图 1-81 “导出到 Excel 及 PDF”窗口

三、投标报价

按照上述方法建立完本工程项目的其他八个清单文件，最后进行本项目工程文件的完善。

1. 统一调价 完成标段结构中的所有单位工程后，需要对工程项目进行统一调价，广联达计价软件主要从取费和人材机两方面进行统一调价。

2. 项目检查 为避免工程量清单编制过程中出现的遗漏或重码等问题，在清单编制完

后，须进行清单项目检查。

（1）检查项目编码。点击【检查项目编码】，软件进行清单项目编码检查，如图1－82所示。如果工程编码存在问题，软件会弹出提示窗口（图1－83），点击“查看检查结果”，链接网络反馈“统一检查清单报告”（图1－84），查看完成后，点击【统一调整单位工程清单编码】，软件执行清单编码的调整操作，调整完成后，点击“确定”。

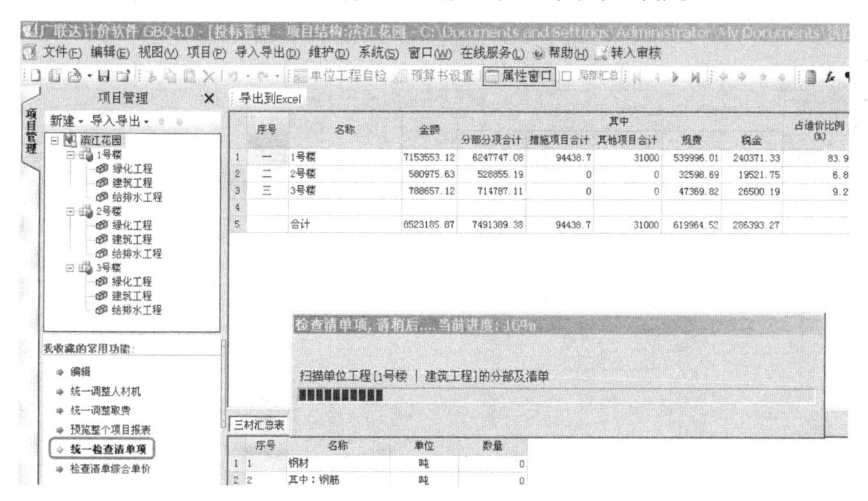

图1－82　“检查项目编码”界面

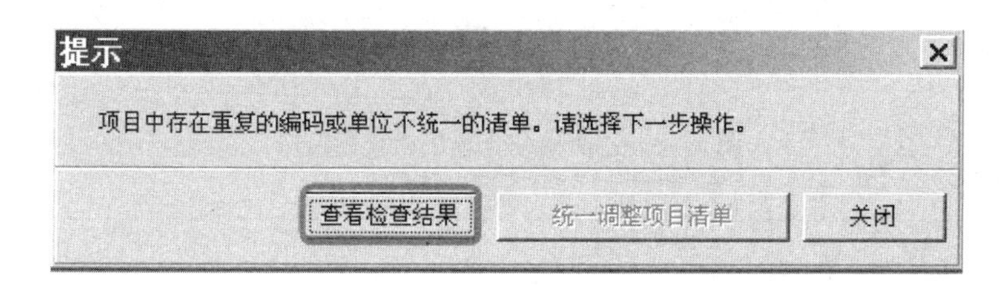

图1－83　“项目编码检查提示”窗口

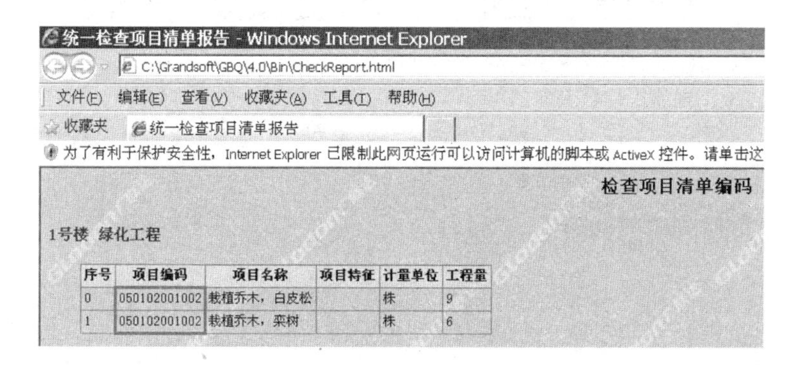

序号	项目编码	项目名称	项目特征	计量单位	工程量
0	050102001002	栽植乔木，白皮松		株	9
1	050102001002	栽植乔木，栾树		株	6

图1－84　统一检查项目清单报告

（2）检查清单综合单价。

① 检查清单综合单价。在标段结构中，点击【检查清单综合单价】，软件根据前9位编码、清单名称、项目特征、单位进行检查，结果一致的清单项都会列出来，如图1－85所示。

② 定位到清单项。双击清单项或点击【定位到清单项】，软件自动打开单位工程，并将

光标定位在对应的清单项上，如图 1－86 所示。

③ 替换清单。在本单位工程中检查修改完成后，点击鼠标右键【应用当前清单替换其他清单】。

3. 报表输出 对于已做好的单位工程，如果需要修改，可在“项目管理”界面双击该单位工程，进入清单文件进行修改，修改好之后保存，数据会自动同步到该项目工程。检查无误后，进行报表输出。

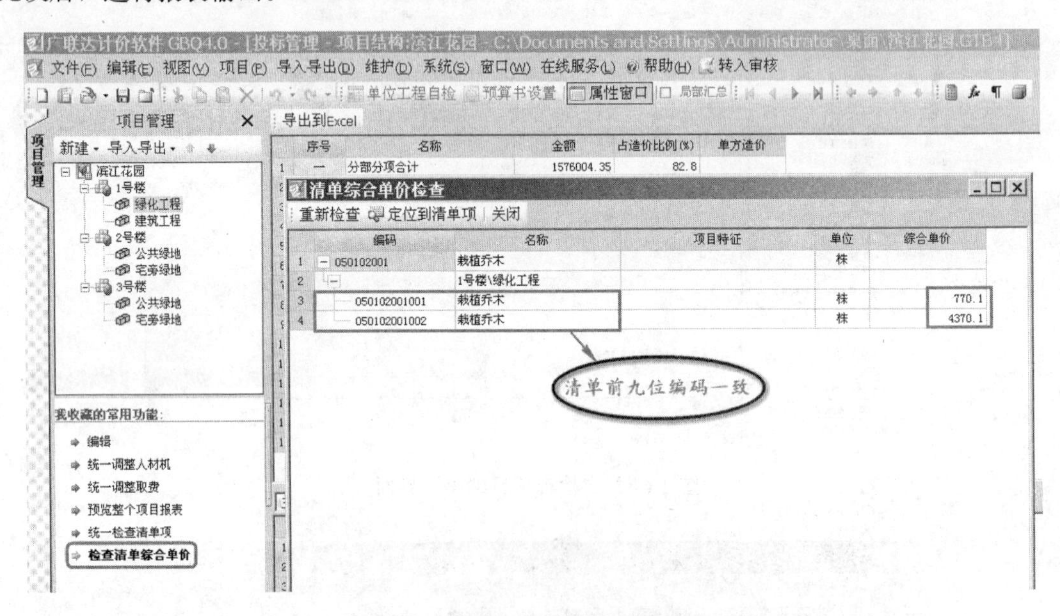

图 1－85 “清单综合单价检查”窗口

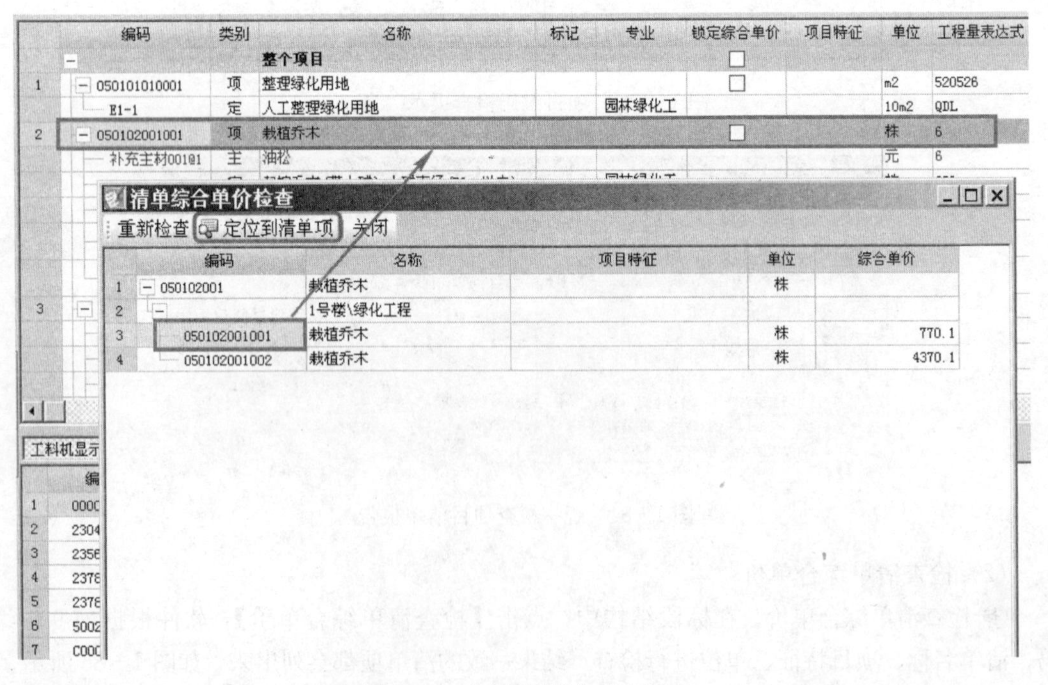

图 1－86 “定位到清单项”窗口

>>> 巩固训练项目

根据本地的实际情况，利用“工程量预算软件”编制“项目1-子项目3-任务1巩固训练项目”中的工程预算书（清单计价）。

>>> 拓展知识

一、相关规范或标准

1. 中华人民共和国国家标准——建设工程工程量清单计价规范（GB 50500—2013）。
2. 山西省建设工程计价依据——建设工程费用定额。
3. 山西省建设工程计价依据——园林绿化工程预算定额。
4. 山西省建设工程计价依据——建筑工程预算定额。

二、网络学习指引

1. 广联达服务新干线 http：//www. fwxgx. com/gim _ o _ user _ ru1. exml。
2. 中国工程预算网 http：www. yusuan. com。

>>> 评价标准

见表1-31。

表1-31 学生运用园林工程预算软件编制园林绿化工程工程量清单并报价的评价标准

评价项目	技术要求	分值	评分细则	评分记录
项目工程建立	能正确新建标段工程； 能正确建立工程项目结构及相关信息	5分	能顺利快速地新建标段工程及工程项目结构，能准确填写相关工程信息，新建信息不规范的扣2～3分；项目结构错误者扣5分	
清单项目录入	能正确进行清单录入； 能完整填写清单项目特征及工作内容	15分	工程量清单项目完整，不完整的酌情扣1～10分；项目特征及工作内容不完整的酌情扣1～6分	
清单组价	能正确进行清单定额子目的录入； 能正确进行定额子目的换算	20分	定额套入完整无误，错套、漏套、多套等酌情扣1～8分；定额子目换算错误者扣5分	
措施项目费编制	能正确编制工程措施项目费	15分	能熟练编制工程措施项目费，项目不完整的酌情扣1～10分	
其他项目费编制	能正确编制其他项目费	10分	能熟练编制其他项目费，项目不完整的酌情扣2～3分	

（续）

评价项目	技术要求	分值	评分细则	评分记录
投标报价	能运用预算软件编制绿化工程量清单报价； 能较快地发现报价不合理的项目； 能收集较真实的绿化工程相关材料价格信息	15分	预算编制不完整者扣1～10分；审核过程中不能发现不合理部分者酌情扣1～10分；工程量清单报价编制不切实际酌情扣3～10分	
打印输出	完整地完成全部预算用表格内容； 按照格式要求打印全部所需表格	20分	表格不完整或存在破表者扣5分；预算表格不全面者扣1～10分；工程造价表格打印不符合工程招标文件要求者扣1～10分	

项 目 2

园林工程投标

>>> 知识目标

1. 掌握园林工程招标形式及招标程序。
2. 熟悉园林工程招标文件的组成及主要内容。
3. 掌握园林工程投标策略的运用。
4. 掌握园林工程投标书内容。
5. 掌握园林工程投标程序。

>>> 技能目标

1. 会收集招标信息，并能对招标信息进行投标策略分析。
2. 能独立根据招标文件要求编制技术标。
3. 能独立根据招标文件要求编制商务标。
4. 根据园林工程投标程序，参与工程投标。

任务 1　获取招标资料

>>> 任务目标

学会获取园林工程招标资料，理解和分析招标信息要求，并能明确投标要求与评标指标。

>>> 任务描述

收集招投标信息是园林企业获取工程项目的重要途径，本任务的目标是收集园林工程招标信息，并能根据园林工程招标信息要求顺利获得招标文件，通过熟悉招标文件的内容，明确相应具体园林工程项目的投标要求及评标指标。

>>> 工作情景

利用网络资源发布的招标信息，选择性获取招标信息，并能根据信息获得招标文件，掌握园林工程施工投标的程序。

>>> 知识准备

一、招标程序

工程项目招标的一般程序可分为三个阶段：一是招标准备阶段，二是招标、投标阶段，三是决标成交阶段，每个阶段具体步骤见图2-1。

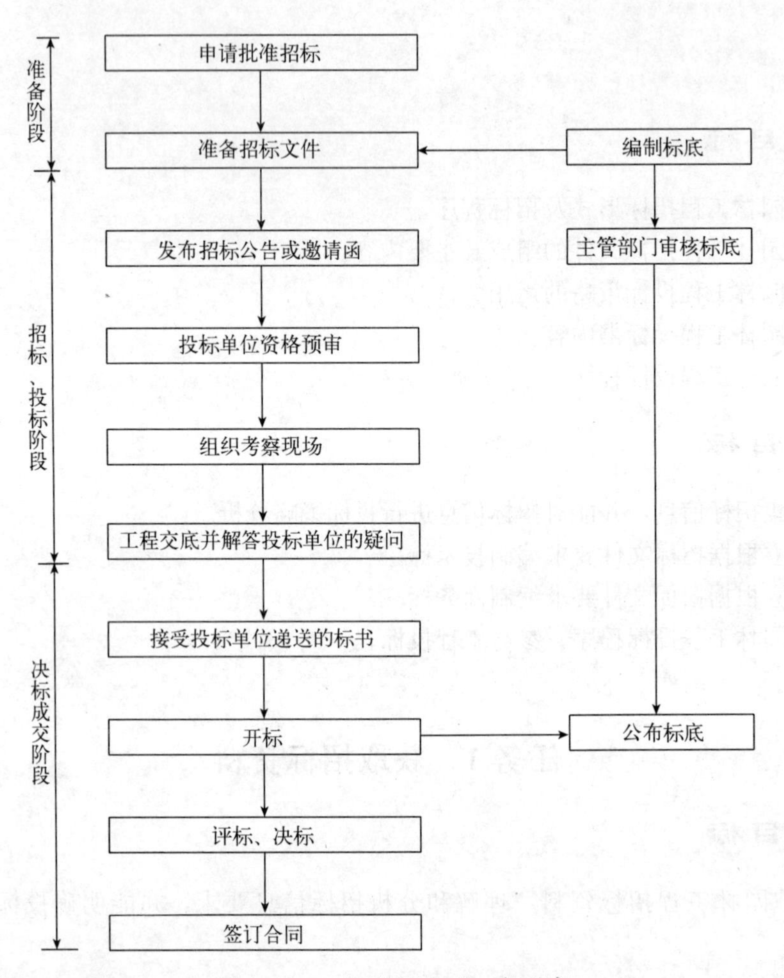

图2-1　工程项目招标的一般程序

我国现行《工程建设施工招标投标管理办法》规定，施工招标应按下列程序进行。

(1) 成立班子。由建设单位组织一个符合要求（与本办法第十条相符）的招标班子。

(2) 提出申请。向招标投标办事机构提出招标申请书。

(3) 编制招标文件。编制招标文件和标底，并报招标投标办事机构审定。

(4) 发布公告。发布招标公告或发出招标邀请书。

(5) 投标申请。投标单位申请投标。

(6) 资格审查。对投标单位进行资质审查，并将审查结果通知各申请投标者。

(7) 发放标书。向合格的投标单位分发招标文件及设计图样、技术资料等。

(8) 现场勘查。组织投标单位考察现场，并对招标文件进行答疑。

(9) 评标准备。建立评标组织，制定评标文件办法。

(10) 开标。召开开标会议，审查投标书。

(11) 评标。组织评标，决定中标单位。

(12) 定标。发出中标通知书。

(13) 签订合同。建设单位与中标单位签订承发包合同。

二、资格预审

1. 资格预审的概念

(1) 资格预审。在国际工程无限竞争性招标中，通常在投标前进行资格审查，这叫作资格预审，只有资格预审合格的承包商才可以参加投标。

(2) 资格后审。有些国际工程无限竞争性招标不在投标前而在开标后进行资格审查，这被称作资格后审。

2. 资格预审的内容

(1) 公开招标资格预审的内容。包括：投标人组织与机构；近三年完成工程的情况；目前正在履行的合同情况；过去两年经审计过的财务报表；过去两年的资金平衡表和负债表；下一年度财务预测报告；施工机械设备情况；各种奖励或处罚资料；与本合同资格预审有关的其他资料。

(2) 邀请招标资格预审的内容。包括：投标人组织与机构、营业执照、资质等级证书；近三年完成工程的情况；目前正在履行的合同情况；资源方面的情况；受奖、罚的情况和其他有关资料。

>>> 任务实施

一、掌握园林工程招标的形式

园林工程施工招标分为公开招标和邀请招标。

1. 公开招标　又称无限竞争性招标，是指招标人以招标公告的方式邀请不特定的法人或者其他组织投标。

2. 邀请招标　也称有限竞争性招标，是指招标人以投标邀请书的形式邀请特定的法人或者其他的组织投标。

滨江花园住宅小区绿化工程属于公开招标，招标公告见课程导入“滨江花园住宅小区绿化工程招标公告”内容。

二、收集招标信息

招标人采用公开招标方式的，应当发布招标公告。依法必须进行招标的项目，其招标公告应当通过国家指定的报刊、信息网络或其他媒介发布。招标人采用邀请招标方式的，应当向三个以上可以承担招标项目的特定法人或其他组织发出投标邀请书。

公开招标和邀请招标发布招标信息的渠道不同，承包商可以通过多种渠道，大量收集招标工程信息，主要有以下两种渠道。

1. 公开渠道 公开招标的工程采取公开渠道获取园林工程招标信息，其中包括电视、网络（中国园林工程信息网等）、建筑市场公告栏等。滨江花园住宅小区绿化工程招标公告发布在山西招投标网（www.sxbid.com.cn），只有注册且购买权限的企业才可以进入。

2. 其他渠道 公开渠道获取园林工程招标信息是非常重要的，但是并非所有的项目都采用公开招标的形式，相当一部分项目是采取邀请招标的方式。此类信息在收集时应该有目的、有重点地进行，如有些有过业务往来的建设单位的工程信息应重点列入收集范围，这些项目的中标可能性比较大，中标后获利可能性也比较大。

三、获取招标文件

承包商在决定参加投标后，按照招标要求编制资格预审文件。只有通过业主的资格预审，承包商才有机会获取招标文件、参与投标竞争。“滨江花园住宅小区绿化工程招标文件”见课程导入附件1内容。

四、研究招标文件

投标园林工程公司得到招标文件后，要组织园林工程技术人员详细地研究招标文件，重点研究与投标密切相关的关键信息。如园林工程招标单位、工程范围、投标资质要求、施工工期和质量要求、招标答疑时间地点、投标保证金及其要求、投标有效期、标书送达地点、投标截止日期、开标会时间地点、评标办法、投标书无效的情况、主要技术标准、施工图纸、合同主要条款等，以免发生意外造成投标无效。

>>> 巩固训练项目

结合当地园林工程招投标实际情况，编制“项目1-子项目3-任务1园林绿化工程工程量清单的编制”中巩固训练的招标公告，按照招标公告要求模拟投标报名，根据投标报名情况进行过程考核。考核通过者领取招标文件，认真研究招标文件，并找出与投标密切相关的关键信息。

>>> 拓展知识

一、招投标相关概念

1. 招标投标 是指招标人对工程建设、货物买卖、劳务承担等交易业务，事先公布选择分派的条件和要求，招引他人承接，然后若干投标人作出愿意参加业务承接竞争的表示，招标人按照规定的程序和办法择优选定中标人的活动。

2. 标的 即招标投标有关各方当事人权利和义务所共同指向的对象，包括工程、货物、劳务等。

3. 标底 是建筑产品价格的表现形式之一，是业主对招标工程所需费用的预测和控制，是招标工程的期望价格。它由招标单位自行编制或委托具有编制标底资格和能力的代理机构编制，它是业主筹集建设资金的依据，也是业主及其商业主管部门核实建设规模的依据。标底是保密的，直至开标才公开。

4. 招标控制价 是招标人根据国家或省级行业建设主管部门颁发的有关计价依据和办

法，按设计施工图纸计算的，对招标工程限定的最高工程造价。招标控制价一般在招标文件中会说明其具体价格，若投标人的投标价超过招标控制价，则就是废标。

二、工程项目招标应具备的条件

为了建立和维护正常的建设工程招标程序，在建设工程招标程序正式开始前，招标人必须完成必要的准备工作，以满足招标所需要的条件，这些条件包括建设单位的资质能力条件和建设单位的施工准备条件。

1. 建设单位的资质能力条件　建设工程招标对建设工程招标人的招标资质提出要求，主要有：招标人必须具有与招标工程相适应的技术、经济、管理人员；招标人必须具有编制招标条件和标底，审查投标人投标资格，组织开标、评标、定标的能力；招标人必须设立专门的招标组织，招标组织形式上可以是基建处（办、科），筹建处（办）、指挥部等。

2. 建设单位的施工准备条件　拟建工程项目的法人向其主管部门申请招标前，必须已完成了一定的准备工作，具体包括以下招标条件：预算已经被批准；建设项目已正式列入国家部门或地方的年度国家资产投资计划；建设用地的征用工作已经完成；有能够满足施工需要的施工图纸及技术资料；有进行招标项目的建设资金或有确定的资金来源，主要材料、设备的来源已经落实；经过工程项目所在地的规划部门批准，施工现场的“四通一平”已经完成或一并列入施工招标范围。

三、工程项目招标的类型

1. 按工程项目建设程序分类　工程项目建设过程可分为建设前阶段、勘察设计阶段和施工阶段，因而按工程项目建设程序，招标可分为工程项目开发招标、勘察设计招标和施工招标三种类型。

2. 按工程承包的范围分类　按工程承包的范围分类，可以将建设工程招标分为工程总承包招标、工程分承包招标和工程专项承包招标。

3. 按行业类型分类　按行业类型分类，即按工程建设相关的业务性质分类的方式。按不同的业务性质，可分为土木工程招标、勘察设计招标、材料设备招标、安装工程招标、生产工艺技术转让招标、咨询服务（工程咨询）招标等。

>>> 评价标准

见表2-1。

表2-1　学生获取招标资料的评价标准

评价项目	技术要求	分值	评分细则	评分记录
园林工程招标信息的收集	能理解园林工程招标的形式； 能运用各种途径收集园林工程招标信息； 会根据招标信息分析招投标的基本要求	30分	能顺利快速地获得园林工程施工招标信息，明确工程招标形式，能整理工程招标的基本要求，并将信息反馈给公司，信息收集不及时或延误时间的酌情扣1～10分； 信息收集不全或信息反馈不全者酌情扣1～10分	

（续）

评价项目	技术要求	分值	评分细则	评分记录
园林工程招标文件的获得	理解园林工程招标公告的主要内容； 会根据招标公告内容准备相关资格预审材料，参与资格预审； 能根据招标公告要求顺利地获得招标文件； 能归类并保管好相关招投标资料	40分	招标公告内容理解不清者酌情扣1～10分； 资格预审资料准备不充分者酌情扣1～10分； 获取招标文件过程不顺利或多次往返于招投标中心者酌情扣1～15分； 招投标资料归类或保管不完整者酌情扣1～10分	
园林工程施工投标程序的熟悉	掌握招标文件关键信息，明确投标程序，做好投标时间计划安排	30分	工程投标程序混乱者酌情扣1～10分； 投标工作计划不合理者或工作计划疏漏者酌情扣1～10分； 在审核过程中未能发现本身工作计划不能分配到各个部门者酌情扣1～10分	

任务2　园林工程投标书制作

>>> 任务目标

会根据园林工程招标文件的要求制作园林工程投标书。

>>> 任务描述

园林工程投标书制作是本项目的核心内容，园林工程投标书主要包括两方面的内容，即技术标与商务标。本任务的目标是要求能够在前面内容的基础上，结合园林工程施工组织与管理学习领域所获得的知识与技能，重点完成技术标的编制任务，并能按照招标文件的要求进行标书的包装和投送。

>>> 工作情景

招标文件购买后，各投标公司要按照招标文件的具体要求制作投标书，标书制作过程中要掌握标书编制的方法和投标技巧。

>>> 知识准备

一、投标书的编制与投送

1. 投标书的编制　投标人应当按照招标文件的要求编制投标文件，所编制的投标文件应当对招标文件提出的实质性要求和条件做出响应。投标文件的组成，应根据工程所在地建设市场的常用文本确定，招标人应在招标文件中做出明确的规定，一般包括商务标和技术标。

2. 标书的包装与投送

（1）标书的包装。投标方应该注意标书的包装，标书的封面上尽可能做得精致一些。没

有能力的投标方最好请专业人员设计制作标书的封面，以吸引招标方的眼球。园林标书封面上的图案最好与园林或林业这个大的主题相关，但不可泄露标书中的内容。只有文字的标书封面应该设计得简洁流畅，可在封面正中标明“机密”字样。

投标方应准备一份正本和3～5份副本，用信封分别把正本和副本密封，封口处加贴封条，封条处加盖法定代表人或其授权代理人的印章和单位公章，并在封面上注明“正本和副本”字样，然后一起放入招标文件袋中，再密封招标文件袋。文件袋外应注明工程项目名称、投标人名称及详细地址，并注明何时之前不准启封。一旦正本和副本有差异，以正本为准。

（2）标书的投送。投标人应在招标文件前附表规定的日期内将投标文件递交给招标人。招标人可以按招标文件中投标须知规定的方式，酌情延长递交投标文件的截止日期。在上述情况下，招标人与投标人以前在投标截止期方面的全部权利、责任和义务，将适用于延长后新的投标截止期。在投标截止期以后送达的投标文件，招标人应当拒收，已经收下的也须原封退给投标人。

投标人可以在递交投标文件以后，在规定的投标截止时间之前，采用书面形式向招标人递交补充、修改或撤回其投标文件的通知。在投标截止日期以后，不能修改投标文件。投标人的补充、修改或撤回通知，应按招标文件中投标须知的规定编制、密封、加写标志和递交，并在内层包封标明“补充”“修改”或“撤回”字样。补充、修改的内容为投标文件的组成部分。根据投标须知的规定，在投标截止时间与招标文件中规定的投标有效期终止日之间的这段时间内，投标人不能撤回投标文件，否则其投标保证金将不予退还。

投标人递交投标文件不宜太早，一般在招标文件规定的截止日期前一两天内密封送交指定地点比较好。

二、投标策略

1. 投标策略概念　投标策略是指园林工程承包商为了达到中标目的而在投标进程中所采用的手段和方法。

2. 投标策略内容

（1）投标与否决策。建设工程投标决策的首要任务，是在获取招标信息后，对是否参加投标竞争进行分析、论证，并作出决择。承包商关于是否参加投标的决策，是其他投标决策产生的前提。承包商决定是否参加投标，通常要综合考虑各方面的情况，如承包商当前的经营状况和长远目标，参加投标的目的，影响中标机会的内部、外部因素等。

一般说来，有下列情形之一的招标项目，承包商不宜决定参加投标：工程资质要求超过本企业资质等级的项目；本企业业务范围和经营能力之外的项目；本企业在手承包任务比较饱满，而招标工程的风险较大或盈利水平较低的项目；本企业投标资源投入量过大时面临的项目；有在技术等级、信誉、水平和实力等方面具有明显优势的潜在竞争对手参加的项目。

（2）投标性质决策。

① 保险标。是指承包商对基本上不存在什么技术、设备、资金和其他方面问题的，或虽有技术、设备、资金和其他方面问题但可预见并已有了解决办法的工程项目而投的标。

② 风险标。是指承包商对存在技术、设备、资金或其他方面未解决的问题，承包难度比较大的招标工程而投的标。

(3) 投标效益决策。

① 盈利标。是指承包商为能获得丰厚利润回报的招标工程而投的标。一般来说，有下列情形之一的，承包商可以考虑决定投盈利标：业主对本承包商特别满意，希望发包给本承包商的；招标工程是竞争对手的弱项而是本承包商的强项的；本承包商在手任务虽饱满，但招标利润丰厚、诱人，值得且能实际承受超负荷运转的。

② 保本标。是指承包商对不能获得多少利润但一般也不会出现亏损的招标工程而投的标。一般来说，有下列情形之一的，承包商可以考虑决定投保本标：招标工程竞争对手较多，而本承包商无明显优势的；本承包商在手任务少，无后继工程，可能出现或已经出现部分窝工的。

③ 亏损标。是指承包商对不能获利、自己会赔本的招标工程而投的标。一般来说，有下列情形之一的，承包商可以决定投亏损标：招标项目的强劲竞争对手众多，但本承包商孤注一掷，志在必得的；本承包商已出现大量窝工，严重亏损，亟须寻求支撑的；招标项目属于本承包商的新市场领域，本承包商渴望打入的；招标工程属于承包商占据绝对优势的市场领域，而其他竞争对手强烈希望插足分享的。

(4) 投标策略和投标技巧决策。关于投标策略和投标技巧的决策，比较复杂，一般主要考虑投标时机的把握，投标方法和手段的运用等。如在获得招标信息后，是马上就决定是否参加投标，还是先观望、后决定；在投标截止有效期限内，是尽早还是尽迟递交投标文件；在投标报价上，是采用扩大标价法，还是不平衡报价法，抑或其他报价方法；在投标对策上，是寻求投标报价方面的有利因素，还是寻求其他方面的支持，抑或兼而有之。

>>> 任务实施

一、成立投标班子

在企业决策要参加某工程项目投标之后，组织投标班子，其成员主要包括以下几类：熟悉了解招标文件（包括合同条款），会拟订合同文稿，对投标、合同谈判和合同签约有丰富经验；对《招标投标法》《合同法》《建筑法》等法律或法规有一定了解；有丰富的工程经验，熟悉施工和工程估价的工程师；有设计经验的设计工程师；熟悉物资采购和园林植物的人员；精通工程报价的经济师。

本案例在实施过程中，在课程导入中以团队建设进行分组，按照人员分配条件成立投标班子。

二、考察现场

招标文件发出后，招标单位就要安排投标者进行现场考察准备工作，投标者要按照招标文件中注明的现场考察时间和地点切实考察现场。进入现场考察应从五个方面进行调查了解：工程的性质以及与其他工程之间关系；投标者投标的那一部分工程与其他承包商或分包商之间的关系；工地地貌、地质、气候、交通、电力、水源等情况，有无障碍物等；工地附近有无住宿条件，料场开采条件，其他加工条件，设备维修条件等；工地附近治安情况等。

投标人根据实地考察的情况，填写表 2-2，分析施工场地周边环境和现场条件。

表 2-2　________工程施工场区环境分析表

组别：　　　　　　　　　　　　　　　　　　　　　　　　　　日期：

项目	周围环境	现场条件
具体内容		

填表人：　　　　　　　　　　会签人：　　　　　　　　　　审批人：

三、研读招标文件

承包商在决定投标并购买招标文件后，要认真研读和熟悉招标文件的内容，对需要重点关注的内容进行分析和记录，完成招标文件分析表（表 2-3）。

表 2-3　________工程招标文件分析表

组别：　　　　　　　　　　　　　　　　　　　　　　　　　　日期：

序号	项目内容	具体要求
1	资信要求	
2	技术标要求	
3	招标控制价	
4	投标保证金	
5	投标文件递交方式及份数	
6	签字盖章要求	
7	质疑截止日期	
8	投标文件递交截止日期	
9	评标办法	
10	其他要求	

填表人：　　　　　　　　　　会签人：　　　　　　　　　　审批人：

四、复核工程量

对于招标文件中的工程量清单，投标者一定要进行校核，因为这直接影响中标的机会和投标报价。对于无工程量清单的招标工程，应当计算工程量，其项目一般可以以单价项目划分为依据。在校核中如发现结果相差较大，投标者不能随便改变工程量，而是应致函或直接找业主澄清，尤其对于总价合同要特别注意，如果业主投标前不给予更正，而且该情况对投标者不利，投标者在投标时应附上说明。

投标人商务经理依据施工图纸计算工程量，与招标人下发的招标工程量清单进行对比，如与招标人提供的工程量清单有出入，将此记录到工程量清单复核表中（表 2-4）。

表 2-4　______工程工程量清单复核表

组别：　　　　　　　　　　　　　　　　　　　　　　　　　　日期：

项目名称	清单项		工程量	
	招标文件提供的清单项	复核的清单项	招标文件提供的工程量	复核的工程量
具体内容				

填表人：　　　　　　　　　　会签人：　　　　　　　　　　审批人：

五、参加投标预备会

投标人按照招标文件规定的时间和地点，携带相关资料参加投标预备会。会议期间，招标人集中解答投标人提出的各种疑问，包括对招标文件和勘察现场中所提出的疑问问题；预备会还应对图纸进行交底和解释。会后，招标人将预备会上的内容统一整理成书面文件，向所有投标人发放答疑书。

六、编制投标文件

1. 任务分配　项目经理将具体任务进行分配，填写工作任务分配单（表 2-5）。

表 2-5　______工程工作任务分配单

组别：　　　　　　　　　　　　　　　　　　　　　　　　　　日期：

序号	工作部门	工作任务	具体内容	责任人	完成日期
1					
2					
3					
4					
5					
6					

填表人：　　　　　　　　　　会签人：　　　　　　　　　　审批人：

2. 技术标编制　技术标的内容要完整、重点要突出。技术标的内容，通常在招标文件中会有明确的规定，但也有由投标企业自行编制的。根据绿化工程施工的特点，技术标的内容一般应包含以下七个方面。

（1）工程概况。工程概况仅须简明扼要地阐述工程的地理位置、大致的分块、总面积等。

（2）施工准备计划。包括：施工队伍进场前的准备，包含现场项目经理等管理人员的配备情况；施工队伍的培训及落实情况；主要材料的采购；管理人员和施工人员的办公用房及生活用房的落实措施等。

（3）施工方案。施工技术方案是技术标书中的核心内容，应体现施工企业的施工技术水平及管理能力。主要包括以下内容。

① 编制施工流程。施工方案的确定要依据工程的施工流程，园林中一般按以下工序进

行：进场验收、场地清理、进土和土方造型、土壤测试和改良、定点放样、挖种植穴、大苗种植（含种植前的疏枝和修剪）、打护树桩、场地细平、小苗种植、铺地被植物、清理场地、工程养护（含苗木补植）、办理移交。

② 制定施工操作方案。根据施工流程，制定出详细的施工操作方案，进一步阐述各道程序应掌握的技术要点和注意事项。

③ 编写养护期管理方案。在整个养护期要针对不同的季节，做好所种植苗木的病虫害防治、防旱、防涝、防台风、御寒、修剪、施肥、松土、除草等管理工作。

（4）施工进度计划。施工进度计划通常以表格的形式表示，在表中要具体列出每项内容所需施工的时间，编制时要注意同步和交叉施工内容，如果没有特殊情况，那么该表所列的时间也就是完成整个工程所需的时间。

（5）人力、物力配备情况。该项内容通常可用文字或表格两种方式表达，根据工程各分项内容的需要，科学地安排劳动力和工具设备。

（6）施工质量保证措施。主要是强调如何从技术和管理两方面来保证工程的质量，通常包括现场技术管理人员的配备、管理网络及如何做好设计交底、保证按图施工、建立质量检查和验收制度等。

（7）安全文明技术施工方案。安全生产是关系到人员生命安全，保证招、投标方财产不受损失的一个重要环节，因此要建立安全管理网络，落实安全责任制，杜绝无证操作现象。要根据工程的实际情况，制定相应的文明管理措施，如工地材料堆放整齐，认真搞好施工区域、生活区域的环境卫生，确保工地食品采购渠道的安全可靠等。

3. 商务标编制　按照《建设工程工程量清单计价规范》（GB 50500—2013）规定的商务标格式进行编制，主要包括：投标总价及工程项目总价表；单项工程费汇总表；单位工程费汇总表；分部分项工程和单价措施项目清单与计价表；综合单价分析表；总价措施项目清单与计价表；其他项目清单与计价汇总表；规费、税金项目计价表；主要材料和工程设备一览表。

七、审查投标文件

投标文件完成后，分管负责人核实各自任务无误后，递交项目经理；项目经理组织团队成员利用投标文件审查表进行标书自检，市场经理负责将结论记录到投标文件审查表（表2-6）中，经团队其他成员和项目经理签字确认后，完成投标文件审查工作。

表 2-6　________工程投标文件审查表

组别：　　　　　　　　　　　　　　　　　　　　　　　　　　　　日期：

序号	审查内容	完成情况	须调整内容	责任人
1				
2				
3				
4				
5				
6				

填表人：　　　　　　　　　　　　会签人：　　　　　　　　　　　　审批人：

八、投标文件封装、递交

投标人按招标文件的要求分别封装技术标和商务标，将电子标书保存到U盘，并将U盘放入信封中；投标人填写资金、用章审批表，完成标书密封、盖章工作；投标公司的市场经理填写授权委托书、携带资料清单表，并将单据和密封的标书一同提交项目经理审批。

投标人（被授权人）携带密封完成的投标文件、投标保证金、授权委托书等，根据招标文件规定的时间和地点，现场进行递交；投标人递交投标文件后，在现场进行登记。

>>> 巩固训练项目

按照标书制作过程，对“项目2-任务1中的巩固训练项目”中的招标文件进行认真研读，完成投标书的制作内容，并按评标要求进行标书包装。

>>> 拓展知识

一、园林建设工程招标文件的组成

园林建设工程招标文件是由一系列有关招标方面的说明性文件资料组成的，包括各种旨在阐释招标人意志的书面文字、图表、电表、电报、传真、电传等材料。一般来说，招标文件在形式上的构成，主要包括正式文本、对正式文本的解释和对正式文本的修改三个部分。

1. 招标文件正式文本 其形式结构通常分卷、章、条目，格式如图2-2所示。

工程招标文件

第一卷 投标须知、合同条件和合同格式

第一章 投标须知

第二章 合同条件

第三章 合同协议条款

第四章 合同格式

第二卷 技术规范

第五章 技术规范

第三卷 投标文件

第六章 投标书和投标书附录

第七章 工程量清单与报价表

第八章 辅助资料表

第四卷 图纸

第九章 图纸

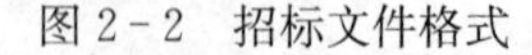

图2-2 招标文件格式

2. 对招标文件正式文本的解释（澄清） 其形式主要是书面答复、投标预备会记录等。投标人如果认为招标文件有问题需要澄清，应在收到招标文件后以文字、电传、传真或电报等书面形式向招标人提出，招标人将以文字、电传、传真或电报等书面形式或以投标预备会的方式给予解答。解答包括对询问的解释，但不说明询问来源。解答意见经招标投标管理机构核准，由招标人送给所有获得招标文件的投标人。

3. 对招标文件正式文本的修改 其主要形式是补充通知、修改书等。在投标截止日期前，招标人可以自己主动对招标文件进行修改，或为解答投标人要求澄清的问题而对招标文件进行修改。修改意见经招标投标管理机构核准，由招标人以文字、电传、传真或电报等书面形式发给所有获得招标文件的投标人。对招标文件的修改，也是招标文件的组成部分，对投标人起约束作用。投标人收到修改意见以后应立即以书面形式（回执）通知招标人，确认已收到修改意见。为了给投标人合理的时间，使他们在编制投标文件时将修改意见考虑进去，招标人可以酌情延长递交文件的截止日期。

二、技术标编制技巧

1. 郑重承诺 认真确定招标文件、设计图纸的有关资料，结合本企业的条件，向业主作出正式承诺，明确工程承包后在施工技术、经济、质量、工期、安全、组织等方面的目标和相应的投入及措施，和标书条款一一对应，积极响应，稳妥承揽。

2. 反映企业实力 要充分展示本企业在技术能力、人员素质、施工设备、管理水平等方面的实力以及独到的施工手段和能力，反映施工企业对承接该项目工程具有强烈的诚心、信心和决心，使业主产生安全感和信任感。

3. 粗中求细 所谓“粗”是指方案侧重于施工规划和部署，对设备投入、工期、计划、技术等描述都是控制性的，一般的操作细节、控制要点都可省略。所谓“细”，一方面是指方案要涉及施工中的方方面面，如安全、消防、资金控制、各方配合等，不可遗漏，否则有考虑不周之处；另一方面是指对工程的投入、组织以及关键技术部位的处理，要求详细、可靠、操作性强。

4. 精心制定技术标目录 目录实际上是技术标的结构和顺序，反映了编制者的思路，能让人一目了然。一份好的目录要求大小标题明确、错落有致、上下关联，小标题尽可能详细些，以示方案中考虑了哪些因素。为便于查阅，标题后均须附上页数。评标期间评审人员一般不可能逐个细读标书，往往是先整体“粗”看一下，再重点“细”看。目录便是粗看和细看的第一个对象，以此来判断方案考虑了哪些内容，是否齐全、重点在哪、逻辑如何等，进而建立对技术标的初步印象，而这种印象往往具有先入为主的效果，作用不可小视。

5. 内容要涵盖施工中的方方面面 评标时往往由评审人员对技术标发表个人意见，再根据各分项，如安全、技术、组织、先进性、可行性进行打分，汇总后供最后决策。因此，如何不让“挑剔”的评委们找到技术标中明显的缺点或漏洞，要注意两个方面：一是具体的措施计划要合理、实用；二是要考虑到施工各方面的因素。由于编制时间紧迫，不可能也不需要都详细说明，因此非重点部分可以略写，甚至可只列标题，内容以“略”字代替。这样突出了重点，主次明确，又能有效地引导评审人员的注意力，增加投标制胜的砝码。

6. 重视组织机构的安排 项目经理作为法人代表的代理人，具体组织施工生产和管理各项业务，项目经理的素质及管理水平对工程的成败有着至关重要的作用，业主往往对此人选比较重视，故应优先选用具有良好业绩的项目经理，并且将主要业绩列入标书文字中，使业主对将来的项目领导班子有初步的了解，并从中感觉到施工单位在承接该工程中的决心和重视程度。

7. 注意网络计划编排的严密性和科学性 网络计划不仅反映施工生产计划安排情况，还反映出各工种的分解及相互关系，以及操作的时空关系、施工资源分布的合理程度等。评审人员要根据计划总工期能否达到要求，工程各分部、分项工作的施工节拍是否合理，各工种衔接配合是否顺畅，施工资源的流向是否合理均匀，关键线路是否明确，机动时间是否充分，有无考虑季节施工的不利影响等，对工程计划安排的可行性、合理性作出判断。此外，还可从网络图的编绘水平看出编制人员的技术水平、企业的生产管理水平等。因此，图中的每一个结点和箭头，都要经得起推敲，同时还不能过于烦琐，要着重于主要的分部工程和分项工程安排的逻辑和时空关系。

8. 重视施工场地平面布置图 施工场地平面布置图可集中反映现场生产方式、主要施工设备的投入及布置的合理性。从栈桥、塔吊、混凝土泵等大型机械设备的选择和布置，可以看出现场施工材料的组织安排形式；材料堆场及临时设施的规模等可反映出工程的规模以及施工资源的集结程度；从水电管线的布置可以看出施工的消耗量；现场设备的数量、性能等则反映了施工生产的主要方式和难易程度等。因此，一份好的施工场地平面布置图就如同一份简易的施工方案，是施工生产的技术、安全、文明、进度、现场管理等形象的简明表述，也是重点评审的部分。

9. 力争图文并茂 好的图表可以代替许多文字说明，如施工场地平面布置图、网格图、施工示意图、组织机构表、劳动力和机具计划需用表等。要尽可能提高图面的清晰度和绘制质量，尽量避免漏洞或矛盾。

10. 注意编排和打印的质量 由于编排时间紧，不能过分将精力集中到报价方面，而造成技术标编制准备不足，若方案粗糙给评审者造成一定的困惑，则会降低投标竞争力。技术标在很大程度上也是企业综合实力的体现，是反映企业精神面貌的窗口，所以应在文字润色、打印、校对等方面多做些工作，精美地“包装”方案，增加技术标的“印象分”。

11. 留有适当变更的余地 技术标会随各种因素的变化，在局部出现一些变更，因此在制定方案时，应留有一定程度的调整余地，但这种调整也是有限度的，不能随意超越。为了把握好分寸，在技术标书中应进行适当的文字处理工作，以为今后的施工措施调整打下伏笔，如编制说明至少可以写明以下几条：①将收到的设计图、招标书等作为编制依据。这说明若日后还有什么要求，则本标书在编制阶段并未加以考虑。②对于工程不详的地方，也应说明：因资料不全所定施工措施或方法仅是一种假设或建议，待以后再做详细考虑等内容。总之，施工企业在投标阶段对今后施工中的诸多问题不应放弃自己合理的权利，尽可能将承诺缩小到一定的时间、范围内和一定程度上。

三、商务标编制技巧

1. 掌握工程量核对的技巧 在核对工程量时，如果发现工程量清单存在错误或者漏项，投标单位不宜自己更改或补充项目，以防止招标单位在评标时不便统一掌握而失去可比性。工程量清单上的错误或漏项问题，应留待中标后签订施工承包合同时提出来加以纠正，或留待工程竣工结算时作为调整承包价格处理，但必须是非固定总价固定合同形式。

2. 不平衡单价的运用技巧

（1）先高后低。对先拿到项目的单价可定高一些，这有利于资金周转，而对后期项目单

价可适当降低。

（2）不确定工程项目。估计以后工程量会增加的项目，其单价可提高；估计以后工程量会减小的项目，单价可降低。

（3）图纸不明确或有错误。对于图纸不明确或有错误，估计今后会修改的项目，单价可以提高；工程内容说明不清楚的项目，单价可降低，这样做有利于以后的索赔和调价。

（4）有名称无工程量项目。没有工程量、只填单价的项目，其单价宜高，这样做既不影响商务标的竞争力，以后项目实施时也可多获利。

（5）暂定项目。对暂定项目，经分析后觉得以后做的可能性大的，价格可定高些；分析后觉得不一定发生的，价格可定低些。

（6）计日工。其他工程项目中的计日工一般可高于工程单价中的工资单价，因为它不属于承包总价的范围，发生时实报实销，也可多获利。

（7）可调工程。对于允许价格调整的工程，后期材料的用量较大，且上涨幅度不大，又能保障供应的工程部分，单价宜报高些，以利于后来的调价。

>>> 评价标准

见表2-7。

表2-7　学生制作园林工程投标书的评价标准

评价项目	技术要求	分值	评分细则	评分记录
招标文件对投标书内容规定的理解	研读招标文件要求，能整理出投标书的内容并列出编制清单； 能根据评标要求归纳出投标书的重点核心内容； 明确工程量清单报价表格要求	20分	读完招标文件后不能整理出投标书思路计划者酌情扣3～5分； 编制标书前不能根据评标要求编制投标书清单者酌情扣3～5分； 标书编制思路不清、重点不明确者酌情酌情扣1～10分	
现场考察为技术标编制准备充足条件	能结合现场考察情况分析工程投标书内容； 会将现场情况与投标书施工方案相结合来编制标书； 会结合招标文件要求进行现场考察	30分	现场考察目的不明确者酌情扣1～10分； 现场考察过程中不能将现场实际情况与招标文件内容结合起来进行现场信息记录者酌情扣1～10分； 现场考察信息收集不全面，不能及时做好信息整理工作者酌情扣1～10分	
根据招标文件内容与格式的要求编制投标文件	明确招标文件对投标书内容的规定，会填写投标函部分内容； 会根据技术标要求编制技术标； 会结合工程量清单编制投标商务标	30分	投标函内容填写不符合要求者酌情扣1～10分； 技术标编制内容不全或技术标关键内容与投标文件不响应者酌情扣1～10分； 不能针对工程工程量清单与工程施工工艺进行合理组价者酌情扣1～10分	
投标书关键内容的审查	会根据评标要求审查技术标内容； 会审查商务标格式与要求； 会整体审核投标书内容，排版与格式是否符合评标要求	20分	技术标审核过程中出现明显错误者酌情扣3～5分； 商务标格式与要求审核不符合要求者酌情扣1～10分； 在审核过程中未能发现本身存在不符合要求者，每存在一处酌情扣1～10分	

任务3 园林工程投标

>>> 任务目标

能根据园林工程投标程序，参与工程投标。

>>> 任务描述

投标书编制完成后，投标单位应该将标书按照招标文件要求，在规定的时间前送达到规定的地点，并按照招标文件开标要求组织人员参加开标、评标。本任务的目标是将投标文件准时送达到规定地点；同时要求能够按照开标要求参与工程开标、评标，全面掌握工程开标的要求与程序，理解评标要求与评标方法。

>>> 工作情景

标书制作完成后，按招标文件要求投送，并按要求参与投标。

>>> 知识准备

一、投标程序

从投标人的角度看，园林工程投标的一般程序，用图2-3表示如下。

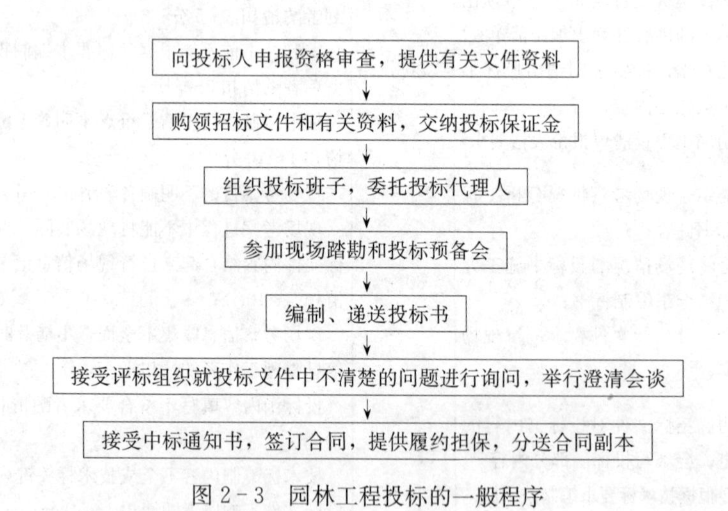

图2-3 园林工程投标的一般程序

二、开标、评标、决标

1. 开标 开标由招标人主持，邀请所有的投标人和评标委员会的全体人员参加，招投标管理机构负责监督，大中型项目也可以请公证机关进行公证。

（1）开标的时间和地点。开标时间应当为招标文件规定的投标截止时间的同一时间；开标地点通常为工程所在地的建设工程交易中心。开标时间和地点应在招标文件中明确规定。

（2）开标会议程序。

① 投标人签到。签到记录是投标人是否出席开标会议的证明。

② 招标人主持开标会议。主持人宣读开标会纪律；介绍参加开标会议的单位、人员及工程项目的有关情况；宣布开标人员名单、招标文件规定的评标、定标办法和标底。

（3）开标。

① 检验各标书的密封情况。由投标人或其推选的代表检查各标书的密封情况，也可以由公证人员检查并公证。

② 唱标。经检验确认各标书的密封无异常情况后，按投递标书的先后顺序，当众拆封投标文件，宣读投标人名称、投标价格和标书的其他主要内容。投标截止时间前收到的所有投标文件都应当当众予以拆封和宣读。

③ 开标过程记录。开标过程应当做好记录，并存档备查。投标人也应做好记录，以收集竞争对手的信息资料。

④ 宣布无效的投标文件。开标时，发现有下列情形之一的投标文件时，应当当场宣布其为无效投标文件，不得进入评标：投标文件未按照招标文件的要求予以密封或逾期送达的；投标函未加盖投标人的公章及法定代表人印章或委托代理人印章的，或者法定代表人的委托代理人没有合法有效的委托书（原件）的；投标文件的关键内容字迹模糊、无法辩认的；投标人未按照招标文件的要求提供投标担保或没有参加开标会议的；组成联合体投标，但投标文件未附联合体各方的共同投标协议的。

2. 评标

（1）评标委员会。

评标委员会由招标人代表和技术、经济等方面的专家组成。成员数为 5 人以上的单数，其中招标人或招标代理机构以外的技术、经济等方面的专家不得少于成员总数的 2/3。评标委员会的专家成员，由招标人从建设行政主管部门的专家名册或其他指定的专家库内的相关专家名单中随机抽取确定。技术特别复杂、专业性要求特别高或国家有特殊要求的招标项目，上述方式确定的专家成员难以胜任的，可以由招标人直接确定。

与投标人有利害关系的专家不得进入相关工程的评标委员会，评标委员会的名单一般在开标前确定，定标前应当保密。

（2）遵循原则。

① 公平、公正原则。评标委员会应当根据招标文件规定的评标标准和办法进行评标，对投标文件进行系统的评审和比较；评标过程应当保密。

② 科学、合理原则。评标委员对投标文件中含义不明确、对同类问题表述不一致，或者有明显文字和计算错误的内容，应要求投标人作必要的澄清、说明或补正，但是不得改变投标文件的实质性内容；响应性投标中存在的计算或累加错误，由评标委员会按规定予以修正。

③ 竞争和择优原则。评标委员会对各投标文件评审后认为所有投标文件都不符合招标文件要求的，可以否决所有投标；有效的投标书不足三份时不予评标；有效投标人少于 3 个或者所有投标被评标委员会否决的，招标人应当依法重新招标。

（3）评标准备工作。

① 招标人准备。评标前，招标人或其委托的招标代理机构应当向评标委员会提供评标

所需的重要信息和数据。

② 评委准备。评标委员会成员应当在评标前编制供评标使用的相应表格，认真研究招标文件，熟悉招标文件中的以下内容：招标的目标；招标项目的范围和性质；招标文件中规定的主要技术要求、标准和商务条款；招标文件规定的评标标准、评标方法和在评标过程中考虑的相关因素。

(4) 初步评审。又称投标文件的符合性鉴定。我国目前评标中主要采用的方法包括经评审的最低投标报价法和综合评估法，两种评估方法在初步评审阶段，其内容和标准基本是一致的。

① 初步评审标准。包括：形式评审标准、资格评审标准、响应性评审标准、施工组织设计和项目管理机构评审标准。

A. 形式评审标准。主要是对格式进行审查，包括投标人名称与营业执照、资质证书、安全生产许可证一致；投标函上有法定代表人或其委托代理人签字或加盖单位章；投标文件格式符合要求；联合体投标人已提交联合体协议书，并明确联合体牵头人（如有）；报价唯一，即只能有一个有效报价等。

B. 资格评审标准。主要是对内容进行审查，包括具备有效的营业执照、安全生产许可证，并且资质等级、财务状况、类似项目业绩、信誉、项目经理、其他要求、联合体投标人等均符合规定。

C. 响应性评审标准。是初步评审的核心，包括投标报价校核，审查全部报价数据计算的正确性，分析报价构成的合理性，并与招标控制价进行对比分析，还有工期、工程质量、投标有效期、投标保证金、权利义务、已标价工程量清单、技术标准和要求、分包计划等均应符合招标文件的有关要求。

D. 施工组织设计和项目管理机构评审标准。主要包括施工方案与技术措施、质量管理体系与措施、安全管理体系与措施、环境保护管理体系与措施、工程进度计划与措施、资源配备计划、技术负责人、其他主要人员、施工设备、试验、检测仪器设备等符合有关标准。

② 投标文件的澄清和说明。评标委员会可以以书面方式要求投标人对投标文件中含义不明确的内容进行必要的澄清、说明或补正，但是澄清、说明或补正不得超出投标文件的范围或改变投标文件的实质性内容。澄清、说明或补正包括投标文件中含义不明确、对同类问题表述不一致或有明显文字和计算错误的内容。

③ 报价有算术错误的修正。投标报价有算术错误的，评标委员会按以下原则对投标报价进行修正：投标文件中的大小写金额不一致时，以大写金额为准；总价金额与依据单价计算出的结果不一致的，以单价金额为准修正总价，但单价金额小数点有明显错误的除外；对不同文字文本投标文件的解释发生异议的，以中文文本为准。修正价格经投标人书面确认后具有约束力，投标人不接受修正价格的，其投标作废标处理。

④ 经初步评审后否决投标的情况。评标委员会应当审查每一投标文件是否对招标文件提出的所有实质性要求和条件作出了响应。未能在实质上响应的投标，评标委员会应当否决其投标。具体情形包括：投标文件未经投标单位盖章和单位负责人签字；投标联合体没有提交共同投标协议；投标人不符合国家或招标文件规定的资格条件；同一投标人提交两个以上不同的投标文件或投标报价，但招标文件要求提交备选投标的除外；投标报价低于成本或高于招标文件设定的最高投标限价；投标文件没有对招标文件的实质性要求和条件作出响应；

投标人有串通投标、弄虚作假、行贿等违法行为。

（5）详细评审。经初步评审合格的投标文件，评标委员会应当根据招标文件规定的评标标准和办法，对其技术部分和商务部分作进一步的评审、比较，即详细评审。详细评审的方法有经评审的最低投标价法和综合评估法两种，一般多采用经评审的最低投标价法。

（6）评标报告。评标委员会完成评标后，应当向招标人提出书面评标报告。

① 评标报告内容。评标报告应如实记载以下内容：基本情况和数据表、评标委员会成员名单、开标记录、符合要求的投标一览表、废标情况说明、评标标准、评标方法或者评标因素一览表、经评审的价格或者评分比较一览表、经评审的投标人排序、推荐的中标候选人名单与签订合同前要处理的事宜，以及澄清、说明、补正事项纪要。

② 中标候选人人数。评标委员会推荐的中标候选人应当限定在1～3人，并标明排列顺序。

③ 评标报告签字。评标报告由评标委员会全体成员签字。评标委员会应当对下列情况作出书面说明并记录在案：对评标结论持有异议的评标委员会成员，应当以书面方式阐述其不同意见和理由；评标委员会成员拒绝在评标报告上签字且不陈述其不同意见和理由的，视为同意评标结论。

3. 决标　又称定标，即在评标完成后确定中标人，是业主对满意的合同要约人作出承诺的法律行为。

（1）招标人应当在投标有效期内定标。投标有效期是招标文件规定的从投标截止日起至中标人公布日止的期限。一般不能延长，因为它是确定投标保证金有效期的依据。如有特殊情况确须延长的，应当办理相关手续和工作。

（2）定标方式。

① 业主自己确定中标人。招标人根据评标委员会提出的书面评标报告，在中标候选人的推荐名单中确定中标人。

② 业主委托评标委员会确定中标人。招标人也可以通过授权委托评标委员会直接确定中标人。

（3）定标的原则。

① 综合指标法。中标人的投标，能够最大限度地满足招标文件规定的各项综合评价标准。

② 最低报价法。中标人的投标，能够满足招标文件的实质性要求，并且经评审的投标价格最低，但是低于成本的投标价格除外。

（4）优先确定排名第一的中标候选人为中标人。使用国有资金投资或者国家融资的项目，招标人应当确定排名第一的中标候选人为中标人。排名第一的中标候选人放弃中标，或者因不可抗力因素提出不能履行合同，或者招标文件规定应当提交履约保证金而在规定期限内未能提交的，招标人可以确定排名第二的中标候选人为中标人；排名第二的中标候选人因同类原因不能签订合同的，招标人可以确定排名第三的中标候选人为中标人。

（5）提交招投标情况书面报告及发出中标通知书。招标人应当自确定中标人之日起15日内，向工程所在地县级以上建设行政主管部门提交招投标情况的书面报告。建设行政主管部门自收到书面报告之日5日内未通知招标人在招标活动中有违法行为的，招标人可以向中标人发出中标通知书，并将中标结果通知所有未中标的投标人。

(6) 退回招标文件的押金。公布中标结果后，未中标的投标人应当在公布中标通知书后的七天内退回招标文件和相关的图纸资料，同时招标人应当退回未中标投标人的投标文件和发放招标文件时收取的押金。

>>> 任务实施

一、开标

1. 开标前准备工作

(1) 完成开标场区、人员准备工作。开标前首先是准备桌签，主要包括主持人、唱标人、记录员、监督人、监标人、招标人、投标人；其次是布置会场，招标人（或招标代理人）按照开标现场情况摆放桌椅，并将桌签摆放到对应的位置上；第三是开标角色扮演，人员要和准备的桌签对应。

(2) 递交投标书、投标保证金。投标人按照招标文件规定的时间、地点，准时参加开标会、提交投标保证金；投标人（被授权人）在开标会现场将投标文件、授权委托书等递交给招标人；招标人检查无误后，收取投标资料，投标人据实进行登记（表 2 - 8），若投标人未递交投标文件可进行备注。

表 2 - 8　________工程投标登记表

序号	投标单位	送达时间	投标文件件数	密封情况	投标保证金	联系人	联系方式	备注

招标人或招标代理经办人：　　　　第　页　共　页

2. 开标

(1) 投标人签到。投标人签到并完善签到人相关信息（表 2 - 9），如投标人未参加开标会可进行备注。

表 2 - 9　________工程投标签到表

序号	投标单位	投标人签到	签到时间	签到人姓名	身份证号	电话	备注

招标人或招标代理经办人：　　　　第　页　共　页

(2) 主持人宣读开标会纪律及人员介绍。进入开标会后，主持人首先宣读开标会纪律，宣读完毕后，进入人员介绍环节。

(3) 投标人代表现场记录投标报价。投标人代表参加开标时，携带一张单据中标价预估表（表 2 - 10），唱标人对投标人的标书进行唱标时，投标代表负责将所有投标单位的投标报价记录到单据中标价预估表上；开标会结束后，投标人商务经理依据单据中标价预估表的

记录，根据评标办法计算各投标人商务标的得分分值。

表 2-10 ________工程中标价预估表

组别： 日期：

序号	组别/投标人	预估/实际报价	预估/实际得分	预估/实际排名
评标基准价				
预估/实际中标价				

填表人： 会签人： 审批人：

二、评标

1. 评委准备工作 在开标前随机抽取专家，并按要求填写评委信息（表 2-11）。

表 2-11 ________工程评委信息表

组别： 日期：

序号	专家证编号	身份证号	评委姓名	工作单位	评委专业	手机号	经济标评委/技术标评委/甲方代表

招标人或招标代理经办人： 第 页 共 页

2. 标书评审 首先推选评标组长；第二，浏览并熟悉招标文件、经济标文件及图纸；第三，进行初步评审，筛选出符合要求的投标文件；第四，进行技术标评审工作，根据评审标准对相关评审项进行打分，评标组长汇总评审结果；第五，进行资信标评审工作，检查相应的评审项是否通过，不通过须给出不通过原因；第六，进行商务标评审工作，分别对投标总价、专业分包工程暂估价、材料和工程设备暂估价、暂列金额和评标价格进行对照打分，并依据评标办法计算得分；第七，汇总评分结果，复核并填写复核意见书；第八，确定中标候选人，复核无异议后，按得分进行投标排名，并推荐中标候选人，完成评标报告。

三、决标

招标人以评标委员会提出的书面评标报告为依据，比较中标候选人，择优确定中标人，并发布中标公示；中标人确定后，招标人向中标人发出中标通知书，并同时将中标结果通知所有未中标的投标人，投标人接到通知后进行书面确认。

四、签订合同

招标人与中标人进行合同谈判，形成新的合同条款，并在规定时间内签订书面合同；招标人与中标人签订合同后5日内，向中标人和未中标人退还投标保证金及银行同期存款利息。

五、投标资料整理

投标过程中记录员要做好投标记录，投标结束后，及时进行投标资料的整理和备案。

>>> 巩固训练项目

按照标书评标要求，在规定的时间组织评标委员会进行“项目2-任务2巩固训练项目”中的标书评审，并写出评审报告。

>>> 拓展知识

一、详细评审

1. 经评审的最低投标价法 是指评标委员会对满足招标文件实质要求的投标文件，根据详细评审标准规定的量化因素及量化标准进行价格折算，按照经评审的投标价由低到高的顺序推荐中标候选人，或根据招标人授权直接确定中标人，但投标报价低于其成本的除外。经评审的投标价相等时，投标报价低的优先；投标报价也相等的，由招标人自行确定。

（1）适用范围。按照《评标委员会和评标方法暂行规定》的规定，经评审的最低投标价法一般适用于具有通用技术、性能标准或招标人对其技术、性能没有特殊要求的招标项目。

（2）评审标准及规定。评标委员会根据招标文件中规定的量化因素和标准进行价格折算，对所有投标人的投标报价以及投标文件的商务标部分作必要的价格调整。根据《标准施工招标文件》的规定，主要的量化因素包括单价遗漏和付款条件等，招标人可根据具体特点和实际需要，进一步删减、补充或细化量化因素和标准。采用经评审的最低投标价法的，中标人的投标应当符合招标文件规定的技术要求和标准，但评标委员会无须对投标文件的技术部分进行价格折算。

（3）评审过程。经初步评审合格的投标文件，评标委员会筛选出响应性投标文件后，以该标书的报价为基础，将报价之外需要评定的要素按预先规定的折算方法换算成货币价值，依据招标书对招标人有利或不利的原则，在其报价上增加或减少一定金额，最终构成评标价格，评审价格最低的投标书为最优的标书。

根据经评审的最低投标价法完成详细评审后，评标委员会应当拟定一份“价格比较一览表”，连同书面评标报告提交招标人。“价格比较一览表”应当载明投标人的投标报价、对商务标偏差的价格调整和说明，以及已评审的最终投标价。

2. 综合评估法 是指评标委员会对满足招标文件实质要求的投标文件，按照规定的评分标准进行打分，并按得分由高到低顺序推荐中标候选人，或根据招标人授权直接确定中标人，但投标报价低于其成本的除外。综合评分相等时，投标报价低的优先；投标报价也相等的，由招标人自行确定。

（1）适用范围。不宜采用经评审的最低投标价法的招标项目，一般应当采取综合评估法进行评审。

（2）分值构成与评分标准。综合评估法分值构成分为四个方面，即施工组织设计、项目管理机构、投标报价、其他评分因素。总计分值为100分，各方面所占比例和具体分值由招标人自行确定，并在招标文件中明确载明。

（3）投标报价偏差率计算。在评标过程中，可以对各个投标文件按下列公式计算投标报价偏差率：

$$偏差率=\frac{(投标人报价-评标基准价)}{评标基准价}\times 100\% \qquad (2-1)$$

招标人依据招标项目的特点、行业管理规定给出评标基准价的计算方法，并应在投标人须知前附表中予以明确。

（4）评审过程。评标委员会按分值构成与评分标准规定的量化因素和分值进行打分，并计算出各标书综合评估得分。

按规定的评审因素和标准分别计算出施工组织设计、项目管理机构、投标报价、其他部分得分，即分别为A、B、C、D，则投标人得分＝A＋B＋C＋D。由评委对各投标人的标书进行评分后加以比较，最后以总得分最高的投标人为中标候选人。

根据综合评估法完成详细评审后，评标委员会应当拟定一份“综合评估比较表”，连同书面评标报告提交招标人。“综合评估比较表”应当载明投标人的投标报价、所做的任何修正、对商务标偏差的调整、对技术标偏差的调整、对各评审因素的评估以及对每一投标的最终评审结果。

二、投标报价的策略与技巧

1. 投标报价策略　当投标人确定要对某一具体工程投标后，需要采取一定的投标报价策略，以提高中标机会，且中标后又能获得更多利润。投标报价时根据具体的工程采取不同的策略，主要有以下两类。

（1）报价可适当考虑报高一些的工程：施工条件较差、专业要求高而本公司在这方面有专长；总价规模小、自己不愿做而被邀请投标；工期要求特急的工程；投标对手少和付款条件不理想等。

（2）报价可适当考虑报低一些的工程：工程简单、施工条件好、投标对手多、付款条件好、竞争激烈，以及本公司目前急于进入某一市场的项目等。

2. 投标报价技巧

（1）不平衡报价法。是指投标报价在总体上确定后，调整内部的各个子项的报价，以期既不影响总报价，又在中标后满足资金周转的需要，获得较理想的经济效益。一般在以下几个方面考虑采用不平衡报价法。

① 对能够早日回收工程款的项目（如开办费、基础工程、土石方工程等）可以报得较高一些，而后期工程项目（安装、装饰）的报价可低一些。

② 对甲方提供的工程量进行核算，对今后会增加的项目报价高一些，而日后会减少的项目报低一些。

③ 对设计图纸内容不明确或有错误，估计修改后工程量要增加的项目，单价可适当报高些，而对工程内容明确的项目，单价可适当报低些。

④ 对没有工程量只填单价的项目，单价宜报高些；对其余的项目，单价可适当报低些；

⑤ 对暂定项目中实施的可能性大的项目，单价可报高些；预计不一定实施的项目，单

价可报低些。

(2) 多方案报价法。是指对同一个招标项目除了按招标文件的要求编制了一个投标报价方案以外，还编制了一个或多个建议方案。主要适用于以下情况。

① 招标文件中规定采用多方案报价法。

② 承包商自己决定采用方案报价法。在招标文件中，如果发现工程范围不明确，条款不清楚或不公正，或技术规范要求过于苛刻时，在充分估计风险的基础上，可按原招标文件报一个价，然后投标者组织有经验的设计、施工和造价人员，对原招标文件的设计和工艺方案仔细研究，提出变更某些条件时，报出一个或者几个比原方案更优惠的报价方案，以吸引业主，提高中标率。

(3) 突然降价法。是为迷惑竞争对手而采取的一种竞争方法。通常做法是先按一般情况报价，并故意把消息透漏出去，到快要投标截止时，再突然降价。采用这种方法时，要在事前考虑好降价的幅度，再根据掌握的对手情况进行分析，做出决策。

(4) 先亏后盈法。是指采取低于成本价的报价方案投标，先占领市场再图谋今后的发展。这种方法提出的报价方案必须获得业主认可，同时要加强对企业情况的宣传，否则即使报价低，也不一定能够中标。

(5) 争取评标奖励加分。是指在招标文件规定投标人承诺的某些指标高于规定的指标时（如工期、质量等级），给予适当的评标奖励加分。投标人应利用自身优势来考虑这个因素，争取评标奖励加分，这样有利于在竞争中取胜。

>>> 评价标准

见表 2-12。

表 2-12　学生进行园林工程投标的评价标准

评价项目	技术要求	分值	评分细则	评分记录
招标文件对投标书投送内容规定的理解	研读招标文件“投标人须知”，理解投标的规定内容	20 分	读完招标文件后不能整理出投标规定者扣 3～5 分	
熟悉园林工程投标程序	按照招标文件规定要求参与投标会，提交投标资料； 填写投标相关登记表	30 分	投标资料提交不全，缺一项扣 10 分； 投标登记表信息填写不符合要求，错一项扣 2 分	
投标资料的整理	投标现场积极记录投标相关信息	20 分	投标现场信息收集不全面，缺一项扣 5 分	
撰写评标报告	熟悉评标报告内容	30 分	评标报告内容不完整，缺一项扣 5 分	

项 目 3

园林工程竣工资料编制

>>> 知识目标

1. 了解园林工程结算方式。
2. 掌握园林工程预付款与进度款的拨付程序。
3. 掌握园林工程竣工决算的基本知识。

>>> 技能目标

1. 根据园林工程承包的不同合同，能确定对应的结算方式，并结合工程实际进行结算。
2. 能根据工程进度编制进度款申请表。
3. 会编制园林工程竣工结算报告。

任务 1 竣工结算报告的编制

>>> 任务目标

学会运用工程预付款及进度款的拨付来进行工程结算，学会编制工程竣工结算报告。

>>> 任务描述

工程项目完成并达到验收标准，取得竣工验收合格签证后，园林施工企业与建设单位（业主）之间要办理工程财务结算。本任务学习的目标是让学习者在完成一项园林工程施工任务后，进一步整理资料，编制工程竣工结算报告，为以后的工程管理提供档案资料，同时，为合同价款的结算提供依据。

>>> 工作情景

工程项目竣工验收后，园林施工企业应及时整理交工技术资料。主要包括：绘制竣工图和编制竣工结算报告以及施工合同、补充协议、设计变更洽商等资料，并将这些资料送建设单位审查，经承发包双方达成一致意见后办理结算。

>>> 知识准备

一、工程竣工结算的概念和分类

1. 工程竣工结算的概念 工程竣工结算是指工程项目完工并经竣工验收合格后，发承包双方按照施工合同的约定对所完成的工程项目进行的工程价款的计算、调整和确认。

2. 工程竣工结算的分类 工程竣工结算分为单位工程竣工结算、单项工程竣工结算、建设项目竣工总结算三种。

二、工程竣工结算的意义

(1) 工程竣工结算是反映工程进度的主要指标。在施工过程中，工程结算的主要依据是施工企业已完成的工程量。施工企业完成的工程量越多，所应结算的工程价款就越多。因此，根据累计的工程结算款占工程合同造价的比例，能够近似地反映出工程的进度情况，有利于准确掌握工程进度。

(2) 工程竣工结算是加速资金周转的重要环节。由于建筑产品的生产特点，工程施工期间所需的开支费用，一般由施工企业利用企业流动资金垫付。及时办理工程结算，有利于资金回笼，降低企业运营成本。通过加速资金周转，能保证施工正常进行，缩短工期，提高资金使用的有效性。

(3) 工程竣工结算是考核经济效益的重要指标。对于施工企业来说，只有如期办理了工程结算，才意味着完成了企业的经营成果，避免了经营风险。企业也才能获得相应的利润，进而获得良好的经济效益。

三、工程竣工结算报告的编制依据

工程竣工结算报告由承包人或受其委托具有相应资质的工程造价咨询人编制，由发包人或受其委托具有相应资质的工程造价咨询人核对。工程竣工结算报告编制的主要依据有：建设工程工程量清单计价规范、工程合同、发承包双方实施过程中已确认的工程量及其结算的合同价款、发承包双方实施过程中已确认调整后追加（减）的合同价款、建设工程设计文件及相关资料、投标文件及其他依据。

>>> 任务实施

一、收集相关资料

收集相关资料包括：工程竣工报告及工程竣工验收单；招投标文件、施工图预算及施工单位与建设单位签订的施工合同或双方协议书；设计变更通知单和施工现场工程变更洽商记录；按照有关部门规定及合同中有关条文规定持凭据进行结算的原始凭证；本地区现行的预算定额、费用定额、材料预算价格及有关文件规定；施工图预算、施工预算；其他有关技术资料。

二、确定竣工结算方式

竣工结算的方式通常有以下几种：预算结算方式、承包总价结算方式、每平方米造价包

干方式、招投标结算方式。

1. 预算结算方式　这种方式是把经过审定的原施工图预算作为竣工结算的主要依据。在施工过程中发生的而施工预算中未包括的项目和费用，经建设单位驻现场工程师签证后，和原预算一起在工程结算时进行调整，因此又称这种方式为施工图预算加签证的结算方式。

2. 承包总价结算方式　这种方式的工程承包合同为总价承包合同。工程竣工后，暂扣合同价的2%～5%作为维修金，其余工程价款一次结清，在施工过程中所发生的材料代用、主要材料价差、工程量的变化等，如果合同中没有可以调价的条款，一般不予调整。因此，凡按总价承包的工程，一般都列有一项不可预见费用。

3. 每平方米造价包干方式　发承包双方根据一定的工程资料，事先协商签订每平方米造价指标合同，结算时按实际完成的建筑面积汇总结算价款。

4. 招投标结算方式　招标单位与投标单位，按照中标报价、承包方式、承包范围、工期、质量标准、奖惩规定、付款及结算方式等内容签订承包合同。合同规定的工程造价就是结算造价，工程竣工结算时，奖惩费用、包干范围外增加的工程项目另行计算。

三、编制园林工程竣工结算

1. 确定分部分项工程量清单项目工程数量

（1）如合同约定工程量按实计算的，原分部分项工程量清单有的项目则根据竣工图和现场实际情况按合同规定的工程量计算规则计算，原分部分项工程量清单没有的项目（新增项目）工程量清单按指引规定的工程量计算规则计算，经发包人或其委托的咨询工程师审定后，作为工程结算的依据。

（2）如合同约定采用施工图包干方式，结算工程量为原清单工程量加调整工程量，若只调整变更引起的工程量，则只计算变更联系单上的增减工程量，计算方法同上一条，经发包人或其委托的咨询单位工程师审定后，作为工程结算的依据。

2. 确定分部分项工程量清单项目综合单价

（1）发包人提供的工程量清单项目漏项，或设计变更引起新的工程量清单项目，其相应综合单价的确定方法为：合同中有类似清单项目综合单价的，可以参考合同中类似项目的综合单价计算确定；合同中没有类似清单项目综合单价的，由承包人根据企业定额或参考“计价依据”提出适当的综合单价，经发包人或其委托的咨询单位工程师审定后执行。

（2）由于清单项目中项目特征或工作内容发生部分变更的，应以原综合单价为基础，仅就变更部分定额子目调整综合单价。

（3）因非承包人原因引起的工程量增减，该项工程量变化在合同约定的幅度范围之内的，应执行原有的综合单价；该项工程量变化在合同约定的幅度范围之外的，其综合单价及措施项目费应予以调整。

（4）若施工期内市场波动超出一定幅度时，应按合同约定调整工程价款，合同中没有约定的或约定不明确的，应按省级或行业建设主管部门或其授权的工程造价管理机构的规定调整。

3. 措施项目费

（1）措施项目中的单价项目应依据双方确认的工程量与已标价工程量清单的综合单价计算；如发生调整的，以发承包双方确认调整的综合单价计算。

（2）措施项目中的总价项目应依据合同约定的项目和金额计算；如发生调整的，以发承包双方确认调整的金额计算，其中安全文明施工费必须按照国家或省级、行业建设主管部门的规定计算。

4. 确定其他项目费

（1）计日工应按发包人实际签证确认的事项计算。

（2）对于暂估价，发承包双方应按照2013《建设工程工程量清单计价规范》的相关规定计算。

（3）总承包服务费应依据合同约定的金额计算，如发生调整的，以发承包双方确认调整的金额计算。

（4）施工索赔费用应依据发承包双方确认的索赔事项和金额计算。

（5）现场签证费用应依据发承包双方签证资料确认的金额计算。

（6）暂列金额应减去工程价款调整（包括索赔、现场签证）金额计算，如有余额归发包人。

5. 计算规费和税金 规费和税金应按照国家或省级、行业建设主管部门的规定计算。规费中的工程排污费应按工程所在地环境保护部门规定的标准交纳后按实列入。

四、审查

竣工结算报告编制后要有严格的审查，一般从以下几个方面入手：

1. 核对合同条款 首先，应核对竣工工程内容是否符合合同条件要求，工程竣工验收是否合格，只有按合同要求完成全部工程并验收合格才能进行竣工结算；其次，应按合同规定的结算方法、计价定额、取费标准、主材价格和优惠条款等，对工程竣工结算报告进行审核，若发现合同开口或有漏洞，应请建设单位与施工单位认真研究，明确结算要求。

2. 检查隐蔽验收纪录 所有隐蔽工程均须进行验收，两人以上签证；实行工程监理的项目应经监理工程师签证确认。审核竣工结算时应核对隐蔽工程施工记录和验收签证，手续完整，工程量与竣工图一致方可列入结算。

3. 落实设计变更签证 设计修改变更应由原设计单位出具设计变更通知单和提供修改的设计图纸，校审人员审查后签字并加盖公章，再经建设单位和监理工程师审查同意、签证；重大设计变更应经原审批部门审批，否则不应列入结算。

4. 按图核实工程数量 竣工结算的工程量应依据竣工图、设计变更单和现场签证等进行核算，并按国家统一规定的计算规则计算工程量。

5. 执行定额单价 结算单价应按合同约定或招标规定的计价定额与计价原则执行。

6. 防止各种计算误差 工程竣工结算子目多、篇幅大，往往出现计算误差，应认真核算，防止因计算误差多计或少算。

>>> 巩固训练项目

回顾项目1中园林工程预算的实施方法，结合在“项目1-子项目3-任务2巩固训练项目”中完成的园林绿化工程预算任务，教师提供在实际工作中的几个变更内容，要求学习者根据实际要求编制工程变更联系单，然后根据变更联系单编制该园林绿化工程竣工结算报告，并将结算与预算进行比较分析。

>>> 拓展知识

一、工程价款结算方式

（1）按月结算。实行旬末或月中预支，月终结算，竣工后清算的方法。跨年度竣工的工程，在年终进行工程盘点，办理年度结算。

（2）竣工后一次结算。建设项目或单项工程全部建筑安装工程建设期在12个月以内，或者工程承包价值在100万元以下的，可以实行工程价款每月月中预支，竣工后一次结算的方式。

（3）分段结算。即当年开工，当年不能竣工的单项工程或单位工程按照工程进度，划分不同阶段进行结算。

（4）目标结算方式。即在工程合同中，将承包工程的内容分解成不同的控制界面，以业主验收控制界面作为支付工程款的前提条件。也就是说，将合同中的工程内容分解成不同的验收单元，当施工单位完成单元工程内容并经业主经验收合格后，业主支付构成单元工程内容的工程价款。

（5）结算双方约定的其他结算方式。

二、工程预付备料款结算

1. 工程预付款的支付

（1）工程预付款的概念。工程预付款是建设工程施工合同订立后由发包人按照合同约定，在正式开工前预先支付给承包人的工程款。它是施工准备和需要的材料、结构件的购买等所需的流动资金的主要来源，国内习惯上又称之为预付备料款。

（2）工程预付款的确定。工程预付款额度，各地区、各部门的规定不完全相同。其主要目的是保证施工所需材料和构件的正常储备，一般是根据施工工期、园林工程工作量、主要材料和构件费用占园林工程工作量的比例以及材料储备周期等因素，经测算来确定。

① 合同约定法。发包人根据工程的特点、工期长短、市场行情、供求规律等因素，招标时在合同条件中约定工程预付款的百分比。

② 公式计算法。是指根据主要材料（含结构件等）占年度承包工程总价的比重，材料储备定额天数和年度施工天数等因素，通过公式计算预付备料款额度的一种方法。

其计算公式是：

$$工程预付款数额=\frac{工程总价\times材料比重（\%）}{年度施工天数}\times材料储备定额天数 \quad (3-1)$$

$$工程预付款比例=\frac{工程预付款数额}{工程总价}\times100\% \quad (3-2)$$

式3-1中：年度施工天数按365天日历天计算；材料储备定额天数由当地材料供应的在途天数、加工天数、整理天数、供应间隔天数、保险天数等因素决定。

【例3-1】图0-2滨江花园住宅小区绿化工程工程总价为171.15万元，其中主要材料、构件所占比重为60%，材料储备定额天数为60天，试求工程预付款为多少万元。

［**解**］按工程预付款数额计算公式3-1：

$$工程预付款=\frac{171.15\times6\%}{365}\times60=16.88（万元）$$

因此，工程预付款为16.88万元。

2. 工程预付款的扣回 发包人支付给承包人的工程预付款其性质是预支。随着工程进度的推进，拨付的工程进度款数额不断增加，工程所需主要材料、构件的用量逐渐减少，原已支付的预付款应以抵扣的方式予以陆续扣回。扣款的方法主要有以下两种。

(1) 合同约定法。由发包人和承包人通过洽商用合同的形式予以确定，采用等比率或等额扣款的方式。也可针对工程实际情况具体处理，如有些工程工期较短、造价较低，就无须分期扣还；有些工期较长，如跨年度工程，其备料款的占用时间很长，根据需要可以少扣或不扣。

(2) 公式计算法。从未施工工程尚需的主要材料及构件的价值相当于工程预付款数额时扣起，从每次中间结算工程价款中，按材料及构件比重扣抵工程价款，至竣工之前全部扣清。因此确定起扣点是工程预付款起扣的关键。

确定工程预付款起扣点的依据是：未完施工工程所需主要材料和构件的费用，等于工程预付款的数额。

工程预付款起扣点可按下式计算：

$$T=P-M/N \tag{3-3}$$

式中：

T——起扣点，即工程预付款开始扣回的累计完成工程金额；

P——承包工程合同总额；

M——工程预付款数额；

N——主要材料，构件所占比重。

【例3-2】图0-2滨江花园住宅小区绿化工程中，按【例3-1】中预付款计算，试求其起扣点为多少万元?

[**解**] 按起扣点计算公式3-3：

$$T=P-M/N=171.11-16.88/60\%=143.02\text{（万元）}$$

则当工程完成143.02万元时，本项工程预付款开始起扣。

三、工程进度款结算

工程进度款是指工程项目开工后，施工企业按照工程施工进度和施工合同的规定，以当月（期）完成的工程量为依据计算各项费用，向建设单位办理结算的工程价款。一般在月初结算上月完成的工程进度款。

工程进度款的结算分三种情况，即开工前期结算、施工中期结算和工程尾期结算三种。

1. 开工前期进度款结算 从工程项目开工，到施工进度累计完成的产值小于“起扣点”，这期间称为开工前期。

此时，每月结算的工程进度款应等于当月（期）已完成的产值。其计算公式为：

本月应结算的工程进度款＝本月已完成产值＝本月已完成工程量×预算单价＋相应收取的其他费用

2. 施工中期进度款结算 当工程施工进度累计完成的产值达到“起扣点”以后，至工程竣工结束前一个月，这期间称为施工中期。

此时，每月结算的工程进度款，应扣除当月（期）应扣回的工程预付备料款。其计算公式为：

本月应结算的工程进度款＝本月已完成产值－本月应抵扣的预付备料款

3. 工程尾期进度款结算　按照国家有关规定，工程项目总造价中应预留一定比例的尾留款作为质量保修费用，又称“保留金”。待工程项目保修期结束后，视保修情况最后支付。

最后月应结算的工程尾款＝最后月完成产值×（1－主材所占比重）－应扣保留金

>>> 评价标准

见表3-1。

表3-1　学生编制竣工结算报告的评价标准

评价项目	技术要求	分值	评分细则	评分记录
园林工程竣工结算报告编制的依据资料的准备	能根据工程承包的不同，收集整理工程竣工结算报告编制的依据资料； 能在编制结算报告前说明各类资料的作用； 竣工结算编制报告的依据资料准备完整规范	30分	收集整理工程竣工结算报告编制的依据资料不全者酌情扣1～10分； 各类依据资料运用不合理者酌情扣1～10分； 收集的竣工结算报告的依据资料不符合要求者酌情扣1～10分	
根据具体的工程项目确定工程结算方式	能按照工程实际情况理解各种工程结算方式； 会根据具体的工程项目确定工程结算方式	20分	工程竣工结算方式与工程承包方式不统一者酌情扣1～10分； 园林工程竣工结算方式操作过程错误者酌情扣1～10分	
编制园林工程竣工结算报告的能力	明确编制园林工程竣工结算报告的步骤； 会根据工程要求编制园林工程竣工结算报告	30分	编制园林工程竣工结算报告的步骤不熟练者酌情扣1～10分； 编制园林工程竣工结算报告，方法不合理者酌情扣1～10分； 不能完整编制园林工程竣工结算报告者酌情扣1～10分	
园林工程竣工结算报告的审查	会根据依据资料审查竣工结算报告的内容； 能判断编制竣工结算报告的依据资料的规范性与真实性	20分	竣工结算报告的依据资料内容不清楚者酌情扣1～10分； 在审查过程中未能发现本身存在不符合要求者，每处酌情扣1～10分	

任务2　竣工决算报告的编制

>>> 任务目标

学会编制园林工程竣工决算报告。

>>> 任务描述

所有项目竣工验收后，项目单位按照国家有关规定编制竣工决算报告。该学习任务主要让学习者通过竣工决算的具体操作，了解园林工程竣工决算内容，学会收集竣工决算的编制依据资料，并能按照决算要求编制园林工程竣工决算报告。

>>> 工作情景

项目竣工时，应编制建设项目竣工财务决算。建设周期长、建设内容多的项目，单项工程竣工时具备交付使用条件的，可编制单项工程竣工财务决算。建设项目全部竣工后应编制竣工财务总决算。通过竣工决算，一方面能够正确反映建设工程的实际造价和投资结果；另一方面可以通过竣工决算与概算、预算的对比分析，考核投资控制的工作成效，总结经验教训，积累技术经济方面的基础资料，提高未来建设工程的投资效益。本任务的主要内容是让学习者明确园林工程竣工决算内容，收集竣工决算的编制依据资料，编制好园林工程竣工决算。

>>> 知识准备

一、竣工决算

是以实物数量和货币指标为计量单位，综合反映竣工项目从筹建开始到项目竣工交付使用为止的全部建设费用、建设成果和财务情况的总结性文件，是竣工验收报告的重要组成部分。竣工决算是正确核定新增固定资产价值，考核分析投资效果，建立健全经济责任制的依据，是反映建设项目实际造价和投资效果的文件。

二、竣工决算的分类

1. 施工企业内部单位工程竣工成本核算 园林施工企业的竣工决算，是企业内部对竣工的单位工程进行实际成本分析，反映其经济效果的一项决算工作。它是以单位工程的竣工结算为依据的。核算其预算成本、实际成本和成本降低额，并编制单位工程竣工成本决算表，总结经验，提高企业经营管理水平。

2. 基本建设项目竣工决算 建设项目竣工决算是建设单位根据国家住房和城乡建设委员会《关于基本建设项目验收暂行规定》的要求，所有新建、改建和扩建工程建设项目竣工以后都应编制竣工结算。它是反映整个建设项目从筹建到竣工验收投产的全部实际支出费用的文件。

三、竣工决算与竣工结算的区别

见表3-2。

表3-2 工程竣工结算与工程竣工决算区别

区别项目	工程竣工结算	工程竣工决算
编制单位及其部门	承包方的预算部门	项目业主的财务部门
内容	承包方承包施工的园林工程全部费用，它最终反映承包方完成的施工产值	建设工程从筹建开始到竣工交付使用为止的全部建设费用，它反应建设工程的投资效益
性质与作用	1. 承包方与业主办理工程价款最终结算的依据； 2. 双方签订的园林工程承包合同终结的凭证； 3. 业主编制竣工决算的主要资料	1. 业主办理交付、验收、动用新增各类资产的依据； 2. 竣工验收报告的重要组成部分

>>> 任务实施

一、明确园林工程竣工决算报告内容

园林工程竣工决算报告是在建设项目或单项工程完工后，由建设单位财务及有关部门，以竣工结算、前期工程费用等资料为基础进行编制。竣工决算报告全面反映了建设项目或单项工程从筹建到竣工的使用全过程中各项资金的使用情况和设计概（预）算执行的结果，它是考核建设成本的重要依据，竣工决算报告主要包括以下内容（表3-3）。

表3-3　园林工程竣工决算报告内容表

表现形式	内　　容
竣工财务决算说明书	1. 基本建设项目概况； 2. 会计账务的处理、财产物资清理及债权债务的清偿情况； 3. 基本建设结余资金等分配情况； 4. 主要技术经济指标的分析、计算情况； 5. 基本建设项目管理及决算中存在的问题、建议； 6. 决算与概算的差异和原因分析； 7. 须说明的其他事项
竣工财务决算报表	1. 基本建设项目概况表； 2. 基本建设项目竣工财务决算表； 3. 基本建设项目交付使用资产总表； 4. 基本建设项目交付使用资产明细表
建设工程竣工图	根据具体情况确定建设工程竣工图
工程造价对比分析	1. 考核主要实物工程量； 2. 考核主要材料消耗量； 3. 考核建设单位管理费、措施费和间接费的取费标准

二、收集竣工决算报告编制的依据资料

编制竣工决算报告前，首先应该收集相关编制依据资料，主要内容包括：

（1）经批准的可行性研究报告、投资估算书，初步设计或扩大初步设计，修正总概算及其批复文件；

（2）经批准的施工图设计及其施工图预算书；

（3）设计交底或图纸会审会议纪要；

（4）设计变更记录、施工记录或施工签证单及其他施工发生的费用记录；

（5）招标控制价，承包合同、工程结算等有关资料；

（6）竣工图及各种竣工验收资料；

（7）历年基本建设计划、历年财务决算及批复文件；

（8）设备、材料调价文件和调价记录；

（9）有关财务核算制度、办法和其他有关资料。

三、编制园林工程竣工决算报告

（1）收集、整理和分析有关依据资料。在编制竣工决算报告之前，应系统地整理所有的技术资料、工料结算的经济文件、施工图纸和各种变更与签证资料，并分析它们的准确性。完整、齐全的资料，是准确而迅速地编制竣工决算报告的必要条件。

（2）清理各项财务、债务和结余物资。在收集、整理和分析有关资料时，要特别注意建设工程从筹建到竣工投产或使用的全部费用的各项账务、债权和债务的清理，做到工程完毕账目清晰，既要核对账目，又要查点库存实物的数量，做到账与物相等，账与账相符，对结余的各种材料、工器具和设备，要逐项清点核实，妥善管理，并按规定及时处理，收回资金。对各种往来款项要及时进行全面清理，为编制竣工决算报告提供准确的数据和结果。

（3）核实工程变动情况。重新核实各单位工程、单项工程造价，将竣工资料与原设计图纸进行查对、核实，必要时可实地测量，确认实际变更情况；根据经审定的承包人竣工结算报告等原始资料，按照有关规定对原概、预算进行增减调整，重新核定工程造价。

（4）编制建设工程竣工决算说明。按照建设工程竣工决算说明的内容要求，根据编制依据填写在报表中的结果，编写文字说明。

（5）填写竣工决算报表。按照建设工程决算表格中的内容，根据编制依据中的有关资料进行统计或计算各个项目和数量，并将其结果填到相应表格的栏目内，完成所有报表的填写。

（6）做好工程造价对比分析。

（7）清理、装订好竣工图。

（8）上报主管部门审查存档。

>>> 巩固训练项目

结合实际工程编制“项目1－子项目3－任务2巩固训练项目”中的园林工程竣工决算报告。

>>> 拓展知识

一、竣工决算报告编制的保障工作

为了严格执行建设项目竣工验收制度，正确核定新增固定资产价值，考核分析投资效果，建立健全经济责任制，所有新建、扩建和改建等建设项目竣工后，都应及时、完整、正确地编制好竣工决算报告。建设单位在项目竣工时要及时做好以下工作：

（1）按照规定组织竣工验收，保证竣工决算报告的及时性。

（2）积累、整理竣工项目资料，保证竣工决算报告的完整性。

（3）清理、核对各项账目，保证竣工决算报告的正确性。

二、“三算”的关系

设计概算、施工图预算和竣工决算简称为“三算”。

1. 园林工程“三算”

（1）设计概算。是指初步设计（或扩大初步设计）阶段，根据勘测设计的技术文件，结

合概算定额、概算指标、工资标准、设备价格、材料价格以及各项费用标准等基础资料，由设计单位进行编制的，确定建设项目和单项工程建设费用的文件。

（2）施工图预算。施工图预算是根据施工图设计阶段的图纸和说明、预算定额、价格与费用标准，由施工单位编制，确定单位工程预算造价的文件。

设计概算和施工图预算总称为基本建设预算。是在建设之前，计算出建设项目或单项工程的概预算价值，作为确定建设投资，控制基建拨款和控制单位工程造价的依据。

（3）竣工决算。竣工决算分为施工单位的竣工决算和建设单位的竣工决算。

2. 园林工程“三算”关系　“三算”就是设计、施工和竣工验收三个阶段建设工程的建设费用，也是从设计、施工到竣工验收程序中正常的有秩序的经济工作关系，反映基本建设程序的客观经济规律，三者紧密联系，环环相扣，缺一不可。按照国家要求，所有建设项目的设计必须有概算，施工必须有预算，竣工必须有决算，它们之间的关系是：概算价值不得超过计划任务书的投资额，修正概算和施工图预算，不得超过概算价值，竣工决算不得超过施工图预算价值，这种关系起着正确决定和控制基本建设的作用，也起着提高基本建设效益的作用，同时也是加强基本建设管理与经济核算的基础。

>>> 评价标准

见表3-4。

表3-4　学生编制竣工决算报告的评价标准

评价项目	技术要求	分值	评分细则	评分记录
园林工程竣工决算编制依据资料的准备	根据工程承包方式不同，能收集整理工程竣工决算编制的依据条件； 能在编制结束前说明各类资料的作用； 竣工决算编制依据资料准备完整规范	20分	收集整理工程竣工决算编制的依据资料不全者扣1～10分； 各类依据资料运用不合理者扣1～10分； 收集的竣工结算依据资料不符合要求者扣1～10分	
明确园林工程竣工决算内容	明确竣工决算报告包含的内容	30分	竣工决算内容不清楚者扣1～10分	
编制园林工程竣工决算的能力	明确编制园林工程竣工决算的步骤； 会根据工程要求编制园林工程竣工决算	30分	编制园林工程竣工决算的步骤不熟练者扣1～10分； 编制园林工程竣工决算方法不合理者扣1～10分； 不能完整编制园林工程竣工决算者扣1～10分	
园林工程竣工决算的审查	会根据资料审查竣工决算内容； 能判断编制竣工决算依据资料的规范性与真实性		竣工决算依据资料内容不清楚者扣1～10分； 在审查过程中未能发现本身存在不符合要求者，每处扣1～10分	

附录1　中华人民共和国招标投标法

第一章　总　　则

第一条　为了规范招标投标活动，保护国家利益、社会公共利益和招标投标活动当事人的合法权益，提高经济效益，保证项目质量，制定本法。

第二条　在中华人民共和国境内进行招标投标活动，适用本法。

第三条　在中华人民共和国境内进行下列工程建设项目包括项目的勘察、设计、施工、监理以及与工程建设有关的重要设备、材料等的采购，必须进行招标：

（一）大型基础设施、公用事业等关系社会公共利益、公众安全的项目；

（二）全部或者部分使用国有资金投资或者国家融资的项目；

（三）使用国际组织或者外国政府贷款、援助资金的项目。

前款所列项目的具体范围和规模标准，由国务院发展计划部门会同国务院有关部门制订，报国务院批准。法律或者国务院对必须进行招标的其他项目的范围有规定的，依照其规定。

第四条　任何单位和个人不得将依法必须进行招标的项目化整为零或者以其他任何方式规避招标。

第五条　招标投标活动应当遵循公开、公平、公正和诚实信用的原则。

第六条　依法必须进行招标的项目，其招标投标活动不受地区或者部门的限制。任何单位和个人不得违法限制或者排斥本地区、本系统以外的法人或者其他组织参加投标，不得以任何方式非法干涉招标投标活动。

第七条　招标投标活动及其当事人应当接受依法实施的监督。

有关行政监督部门依法对招标投标活动实施监督，依法查处招标投标活动中的违法行为。

对招标投标活动的行政监督及有关部门的具体职权划分，由国务院规定。

第二章　招　　标

第八条　招标人是依照本法规定提出招标项目、进行招标的法人或者其他组织。

第九条　招标项目按照国家有关规定需要履行项目审批手续的，应当先履行审批手续，取得批准。

招标人应当有进行招标项目的相应资金或者资金来源已经落实，并应当在招标文件中如

实载明。

第十条　招标分为公开招标和邀请招标。

公开招标，是指招标人以招标公告的方式邀请不特定的法人或者其他组织投标。

邀请招标，是指招标人以投标邀请书的方式邀请特定的法人或者其他组织投标。

第十一条　国务院发展计划部门确定的国家重点项目和省、自治区、直辖市人民政府确定的地方重点项目不适宜公开招标的，经国务院发展计划部门或者省、自治区、直辖市人民政府批准，可以进行邀请招标。

第十二条　招标人有权自行选择招标代理机构，委托其办理招标事宜。任何单位和个人不得以任何方式为招标人指定招标代理机构。

招标人具有编制招标文件和组织评标能力的，可以自行办理招标事宜。任何单位和个人不得强制其委托招标代理机构办理招标事宜。

依法必须进行招标的项目，招标人自行办理招标事宜的，应当向有关行政监督部门备案。

第十三条　招标代理机构是依法设立、从事招标代理业务并提供相关服务的社会中介组织。

招标代理机构应当具备下列条件：

（一）有从事招标代理业务的营业场所和相应资金；

（二）有能够编制招标文件和组织评标的相应专业力量；

（三）有符合本法第三十七条第三款规定条件、可以作为评标委员会成员人选的技术、经济等方面的专家库。

第十四条　从事工程建设项目招标代理业务的招标代理机构，其资格由国务院或者省、自治区、直辖市人民政府的建设行政主管部门认定。具体办法由国务院建设行政主管部门会同国务院有关部门制定。从事其他招标代理业务的招标代理机构，其资格认定的主管部门由国务院规定。

招标代理机构与行政机关和其他国家机关不得存在隶属关系或者其他利益关系。

第十五条　招标代理机构应当在招标人委托的范围内办理招标事宜，并遵守本法关于招标人的规定。

第十六条　招标人采用公开招标方式的，应当发布招标公告。依法必须进行招标的项目的招标公告，应当通过国家指定的报刊、信息网络或者其他媒介发布。

招标公告应当载明招标人的名称和地址、招标项目的性质、数量、实施地点和时间以及获取招标文件的办法等事项。

第十七条　招标人采用邀请招标方式的，应当向三个以上具备承担招标项目的能力、资信良好的特定的法人或者其他组织发出投标邀请书。

投标邀请书应当载明本法第十六条第二款规定的事项。

第十八条　招标人可以根据招标项目本身的要求，在招标公告或者投标邀请书中，要求潜在投标人提供有关资质证明文件和业绩情况，并对潜在投标人进行资格审查；国家对投标人的资格条件有规定的，依照其规定。

招标人不得以不合理的条件限制或者排斥潜在投标人，不得对潜在投标人实行歧视待遇。

第十九条 招标人应当根据招标项目的特点和需要编制招标文件。招标文件应当包括招标项目的技术要求、对投标人资格审查的标准、投标报价要求和评标标准等所有实质性要求和条件以及拟签订合同的主要条款。

国家对招标项目的技术、标准有规定的，招标人应当按照其规定在招标文件中提出相应要求。

招标项目需要划分标段、确定工期的，招标人应当合理划分标段、确定工期，并在招标文件中载明。

第二十条 招标文件不得要求或者标明特定的生产供应者以及含有倾向或者排斥潜在投标人的其他内容。

第二十一条 招标人根据招标项目的具体情况，可以组织潜在投标人踏勘项目现场。

第二十二条 招标人不得向他人透露已获取招标文件的潜在投标人的名称、数量以及可能影响公平竞争的有关招标投标的其他情况。

招标人设有标底的，标底必须保密。

第二十三条 招标人对已发出的招标文件进行必要的澄清或者修改的，应当在招标文件要求提交投标文件截止时间至少十五日前，以书面形式通知所有招标文件收受人。该澄清或者修改的内容为招标文件的组成部分。

第二十四条 招标人应当确定投标人编制投标文件所需要的合理时间；但是，依法必须进行招标的项目，自招标文件开始发出之日起至投标人提交投标文件截止之日止，最短不得少于二十日。

第三章 投 标

第二十五条 投标人是响应招标、参加投标竞争的法人或者其他组织。

依法招标的科研项目允许个人参加投标的，投标的个人适用本法有关投标人的规定。

第二十六条 投标人应当具备承担招标项目的能力；国家有关规定对投标人资格条件或者招标文件对投标人资格条件有规定的，投标人应当具备规定的资格条件。

第二十七条 投标人应当按照招标文件的要求编制投标文件。投标文件应当对招标文件提出的实质性要求和条件作出响应。

招标项目属于建设施工的，投标文件的内容应当包括拟派出的项目负责人与主要技术人员的简历、业绩和拟用于完成招标项目的机械设备等。

第二十八条 投标人应当在招标文件要求提交投标文件的截止时间前，将投标文件送达投标地点。招标人收到投标文件后，应当签收保存，不得开启。投标人少于三个的，招标人应当依照本法重新招标。

在招标文件要求提交投标文件的截止时间后送达的投标文件，招标人应当拒收。

第二十九条 投标人在招标文件要求提交投标文件的截止时间前，可以补充、修改或者撤回已提交的投标文件，并书面通知招标人。补充、修改的内容为投标文件的组成部分。

第三十条 投标人根据招标文件载明的项目实际情况，拟在中标后将中标项目的部分非主体、非关键性工作进行分包的，应当在投标文件中载明。

第三十一条 两个以上法人或者其他组织可以组成一个联合体，以一个投标人的身份共同投标。

联合体各方均应当具备承担招标项目的相应能力；国家有关规定或者招标文件对投标人资格条件有规定的，联合体各方均应当具备规定的相应资格条件。由同一专业的单位组成的联合体，按照资质等级较低的单位确定资质等级。

联合体各方应当签订共同投标协议，明确约定各方拟承担的工作和责任，并将共同投标协议连同投标文件一并提交招标人。联合体中标的，联合体各方应当共同与招标人签订合同，就中标项目向招标人承担连带责任。

招标人不得强制投标人组成联合体共同投标，不得限制投标人之间的竞争。

第三十二条　投标人不得相互串通投标报价，不得排挤其他投标人的公平竞争，损害招标人或者其他投标人的合法权益。

投标人不得与招标人串通投标，损害国家利益、社会公共利益或者他人的合法权益。

禁止投标人以向招标人或者评标委员会成员行贿的手段谋取中标。

第三十三条　投标人不得以低于成本的报价竞标，也不得以他人名义投标或者以其他方式弄虚作假，骗取中标。

第四章　开标、评标和中标

第三十四条　开标应当在招标文件确定的提交投标文件截止时间的同一时间公开进行；开标地点应当为招标文件中预先确定的地点。

第三十五条　开标由招标人主持，邀请所有投标人参加。

第三十六条　开标时，由投标人或者其推选的代表检查投标文件的密封情况，也可以由招标人委托的公证机构检查并公证；经确认无误后，由工作人员当众拆封，宣读投标人名称、投标价格和投标文件的其他主要内容。

招标人在招标文件要求提交投标文件的截止时间前收到的所有投标文件，开标时都应当当众予以拆封、宣读。

开标过程应当记录，并存档备查。

第三十七条　评标由招标人依法组建的评标委员会负责。

依法必须进行招标的项目，其评标委员会由招标人的代表和有关技术、经济等方面的专家组成，成员人数为五人以上单数，其中技术、经济等方面的专家不得少于成员总数的三分之二。

前款专家应当从事相关领域工作满八年并具有高级职称或者具有同等专业水平，由招标人从国务院有关部门或者省、自治区、直辖市人民政府有关部门提供的专家名册或者招标代理机构的专家库内的相关专业的专家名单中确定；一般招标项目可以采取随机抽取方式，特殊招标项目可以由招标人直接确定。

与投标人有利害关系的人不得进入相关项目的评标委员会；已经进入的应当更换。

评标委员会成员的名单在中标结果确定前应当保密。

第三十八条　招标人应当采取必要的措施，保证评标在严格保密的情况下进行。

任何单位和个人不得非法干预、影响评标的过程和结果。

第三十九条　评标委员会可以要求投标人对投标文件中含义不明确的内容作必要的澄清或者说明，但是澄清或者说明不得超出投标文件的范围或者改变投标文件的实质性内容。

第四十条　评标委员会应当按照招标文件确定的评标标准和方法，对投标文件进行评审和比较；设有标底的，应当参考标底。评标委员会完成评标后，应当向招标人提出书面评标报告，并推荐合格的中标候选人。

招标人根据评标委员会提出的书面评标报告和推荐的中标候选人确定中标人。招标人也可以授权评标委员会直接确定中标人。

国务院对特定招标项目的评标有特别规定的，从其规定。

第四十一条 中标人的投标应当符合下列条件之一：

（一）能够最大限度地满足招标文件中规定的各项综合评价标准；

（二）能够满足招标文件的实质性要求，并且经评审的投标价格最低；但是投标价格低于成本的除外。

第四十二条 评标委员会经评审，认为所有投标都不符合招标文件要求的，可以否决所有投标。

依法必须进行招标的项目的所有投标被否决的，招标人应当依照本法重新招标。

第四十三条 在确定中标人前，招标人不得与投标人就投标价格、投标方案等实质性内容进行谈判。

第四十四条 评标委员会成员应当客观、公正地履行职务，遵守职业道德，对所提出的评审意见承担个人责任。

评标委员会成员不得私下接触投标人，不得收受投标人的财物或者其他好处。

评标委员会成员和参与评标的有关工作人员不得透露对投标文件的评审和比较、中标候选人的推荐情况以及与评标有关的其他情况。

第四十五条 中标人确定后，招标人应当向中标人发出中标通知书，并同时将中标结果通知所有未中标的投标人。

中标通知书对招标人和中标人具有法律效力。中标通知书发出后，招标人改变中标结果的，或者中标人放弃中标项目的，应当依法承担法律责任。

第四十六条 招标人和中标人应当自中标通知书发出之日起三十日内，按照招标文件和中标人的投标文件订立书面合同。招标人和中标人不得再行订立背离合同实质性内容的其他协议。

招标文件要求中标人提交履约保证金的，中标人应当提交。

第四十七条 依法必须进行招标的项目，招标人应当自确定中标人之日起十五日内，向有关行政监督部门提交招标投标情况的书面报告。

第四十八条 中标人应当按照合同约定履行义务，完成中标项目。中标人不得向他人转让中标项目，也不得将中标项目肢解后分别向他人转让。

中标人按照合同约定或者经招标人同意，可以将中标项目的部分非主体、非关键性工作分包给他人完成。接受分包的人应当具备相应的资格条件，并不得再次分包。

中标人应当就分包项目向招标人负责，接受分包的人就分包项目承担连带责任。

第五章 法律责任

第四十九条 违反本法规定，必须进行招标的项目而不招标的，将必须进行招标的项目化整为零或者以其他任何方式规避招标的，责令限期改正，可以处项目合同金额千分之五以上千分之十以下的罚款；对全部或者部分使用国有资金的项目，可以暂停项目执行或者暂停资金拨付；对单位直接负责的主管人员和其他直接责任人员依法给予处分。

第五十条　招标代理机构违反本法规定，泄露应当保密的与招标投标活动有关的情况和资料的，或者与招标人、投标人串通损害国家利益、社会公共利益或者他人合法权益的，处五万元以上二十五万元以下的罚款，对单位直接负责的主管人员和其他直接责任人员处单位罚款数额百分之五以上百分之十以下的罚款；有违法所得的，并处没收违法所得；情节严重的，暂停直至取消招标代理资格；构成犯罪的，依法追究刑事责任。给他人造成损失的，依法承担赔偿责任。

前款所列行为影响中标结果的，中标无效。

第五十一条　招标人以不合理的条件限制或者排斥潜在投标人的，对潜在投标人实行歧视待遇的，强制要求投标人组成联合体共同投标的，或者限制投标人之间竞争的，责令改正，可以处一万元以上五万元以下的罚款。

第五十二条　依法必须进行招标的项目的招标人向他人透露已获取招标文件的潜在投标人的名称、数量或者可能影响公平竞争的有关招标投标的其他情况的，或者泄露标底的，给予警告，可以并处一万元以上十万元以下的罚款；对单位直接负责的主管人员和其他直接责任人员依法给予处分；构成犯罪的，依法追究刑事责任。

前款所列行为影响中标结果的，中标无效。

第五十三条　投标人相互串通投标或者与招标人串通投标的，投标人以向招标人或者评标委员会成员行贿的手段谋取中标的，中标无效，处中标项目金额千分之五以上千分之十以下的罚款，对单位直接负责的主管人员和其他直接责任人员处单位罚款数额百分之五以上百分之十以下的罚款；有违法所得的，并处没收违法所得；情节严重的，取消其一年至二年内参加依法必须进行招标的项目的投标资格并予以公告，直至由工商行政管理机关吊销营业执照；构成犯罪的，依法追究刑事责任。给他人造成损失的，依法承担赔偿责任。

第五十四条　投标人以他人名义投标或者以其他方式弄虚作假，骗取中标的，中标无效，给招标人造成损失的，依法承担赔偿责任；构成犯罪的，依法追究刑事责任。

依法必须进行招标的项目的投标人有前款所列行为尚未构成犯罪的，处中标项目金额千分之五以上千分之十以下的罚款，对单位直接负责的主管人员和其他直接责任人员处单位罚款数额百分之五以上百分之十以下的罚款；有违法所得的，并处没收违法所得；情节严重的，取消其一年至三年内参加依法必须进行招标的项目的投标资格并予以公告，直至由工商行政管理机关吊销营业执照。

第五十五条　依法必须进行招标的项目，招标人违反本法规定，与投标人就投标价格、投标方案等实质性内容进行谈判的，给予警告，对单位直接负责的主管人员和其他直接责任人员依法给予处分。

前款所列行为影响中标结果的，中标无效。

第五十六条　评标委员会成员收受投标人的财物或者其他好处的，评标委员会成员或者参加评标的有关工作人员向他人透露对投标文件的评审和比较、中标候选人的推荐以及与评标有关的其他情况的，给予警告，没收收受的财物，可以并处三千元以上五万元以下的罚款，对有所列违法行为的评标委员会成员取消担任评标委员会成员的资格，不得再参加任何依法必须进行招标的项目的评标；构成犯罪的，依法追究刑事责任。

第五十七条　招标人在评标委员会依法推荐的中标候选人以外确定中标人的，依法必须进行招标的项目在所有投标被评标委员会否决后自行确定中标人的，中标无效。责令改正，可以处中标项目金额千分之五以上千分之十以下的罚款；对单位直接负责的主管人员和其他直接责任人员依法给予处分。

第五十八条 中标人将中标项目转让给他人的，将中标项目肢解后分别转让给他人的，违反本法规定将中标项目的部分主体、关键性工作分包给他人的，或者分包人再次分包的，转让、分包无效，处转让、分包项目金额千分之五以上千分之十以下的罚款；有违法所得的，并处没收违法所得；可以责令停业整顿；情节严重的，由工商行政管理机关吊销营业执照。

第五十九条 招标人与中标人不按照招标文件和中标人的投标文件订立合同的，或者招标人、中标人订立背离合同实质性内容的协议的，责令改正；可以处中标项目金额千分之五以上千分之十以下的罚款。

第六十条 中标人不履行与招标人订立的合同的，履约保证金不予退还，给招标人造成的损失超过履约保证金数额的，还应当对超过部分予以赔偿；没有提交履约保证金的，应当对招标人的损失承担赔偿责任。

中标人不按照与招标人订立的合同履行义务，情节严重的，取消其二年至五年内参加依法必须进行招标的项目的投标资格并予以公告，直至由工商行政管理机关吊销营业执照。

因不可抗力不能履行合同的，不适用前两款规定。

第六十一条 本章规定的行政处罚，由国务院规定的有关行政监督部门决定。本法已对实施行政处罚的机关作出规定的除外。

第六十二条 任何单位违反本法规定，限制或者排斥本地区、本系统以外的法人或者其他组织参加投标的，为招标人指定招标代理机构的，强制招标人委托招标代理机构办理招标事宜的，或者以其他方式干涉招标投标活动的，责令改正；对单位直接负责的主管人员和其他直接责任人员依法给予警告、记过、记大过的处分，情节较重的，依法给予降级、撤职、开除的处分。

个人利用职权进行前款违法行为的，依照前款规定追究责任。

第六十三条 对招标投标活动依法负有行政监督职责的国家机关工作人员徇私舞弊、滥用职权或者玩忽职守，构成犯罪的，依法追究刑事责任；不构成犯罪的，依法给予行政处分。

第六十四条 依法必须进行招标的项目违反本法规定，中标无效的，应当依照本法规定的中标条件从其余投标人中重新确定中标人或者依照本法重新进行招标。

第六章　附　　则

第六十五条 投标人和其他利害关系人认为招标投标活动不符合本法有关规定的，有权向招标人提出异议或者依法向有关行政监督部门投诉。

第六十六条 涉及国家安全、国家秘密、抢险救灾或者属于利用扶贫资金实行以工代赈、需要使用农民工等特殊情况，不适宜进行招标的项目，按照国家有关规定可以不进行招标。

第六十七条 使用国际组织或者外国政府贷款、援助资金的项目进行招标，贷款方、资金提供方对招标投标的具体条件和程序有不同规定的，可以适用其规定，但违背中华人民共和国的社会公共利益的除外。

第六十八条 本法自2000年1月1日起施行。

附录2 中华人民共和国招标投标法实施条例

第一章 总 则

第一条 为了规范招标投标活动，根据《中华人民共和国招标投标法》(以下简称招标投标法)，制定本条例。

第二条 招标投标法第三条所称工程建设项目，是指工程以及与工程建设有关的货物、服务。

前款所称工程，是指建设工程，包括建筑物和构筑物的新建、改建、扩建及其相关的装修、拆除、修缮等；所称与工程建设有关的货物，是指构成工程不可分割的组成部分，且为实现工程基本功能所必需的设备、材料等；所称与工程建设有关的服务，是指为完成工程所需的勘察、设计、监理等服务。

第三条 依法必须进行招标的工程建设项目的具体范围和规模标准，由国务院发展改革部门会同国务院有关部门制订，报国务院批准后公布施行。

第四条 国务院发展改革部门指导和协调全国招标投标工作，对国家重大建设项目的工程招标投标活动实施监督检查。国务院工业和信息化、住房城乡建设、交通运输、铁道、水利、商务等部门，按照规定的职责分工对有关招标投标活动实施监督。

县级以上地方人民政府发展改革部门指导和协调本行政区域的招标投标工作。县级以上地方人民政府有关部门按照规定的职责分工，对招标投标活动实施监督，依法查处招标投标活动中的违法行为。县级以上地方人民政府对其所属部门有关招标投标活动的监督职责分工另有规定的，从其规定。

财政部门依法对实行招标投标的政府采购工程建设项目的预算执行情况和政府采购政策执行情况实施监督。

监察机关依法对与招标投标活动有关的监察对象实施监察。

第五条 设区的市级以上地方人民政府可以根据实际需要，建立统一规范的招标投标交易场所，为招标投标活动提供服务。招标投标交易场所不得与行政监督部门存在隶属关系，不得以营利为目的。

国家鼓励利用信息网络进行电子招标投标。

第六条 禁止国家工作人员以任何方式非法干涉招标投标活动。

第二章 招 标

第七条 按照国家有关规定需要履行项目审批、核准手续的依法必须进行招标的项目，其招标范围、招标方式、招标组织形式应当报项目审批、核准部门审批、核准。项目审批、核准部门应当及时将审批、核准确定的招标范围、招标方式、招标组织形式通报有关行政监督部门。

第八条 国有资金占控股或者主导地位的依法必须进行招标的项目，应当公开招标；但有下列情形之一的，可以邀请招标：

（一）技术复杂、有特殊要求或者受自然环境限制，只有少量潜在投标人可供选择；

（二）采用公开招标方式的费用占项目合同金额的比例过大。

有前款第二项所列情形，属于本条例第七条规定的项目，由项目审批、核准部门在审批、核准项目时作出认定；其他项目由招标人申请有关行政监督部门作出认定。

第九条 除招标投标法第六十六条规定的可以不进行招标的特殊情况外，有下列情形之一的，可以不进行招标：

（一）需要采用不可替代的专利或者专有技术；

（二）采购人依法能够自行建设、生产或者提供；

（三）已通过招标方式选定的特许经营项目投资人依法能够自行建设、生产或者提供；

（四）需要向原中标人采购工程、货物或者服务，否则将影响施工或者功能配套要求；

（五）国家规定的其他特殊情形。

招标人为适用前款规定弄虚作假的，属于招标投标法第四条规定的规避招标。

第十条 招标投标法第十二条第二款规定的招标人具有编制招标文件和组织评标能力，是指招标人具有与招标项目规模和复杂程度相适应的技术、经济等方面的专业人员。

第十一条 招标代理机构的资格依照法律和国务院的规定由有关部门认定。

国务院住房城乡建设、商务、发展改革、工业和信息化等部门，按照规定的职责分工对招标代理机构依法实施监督管理。

第十二条 招标代理机构应当拥有一定数量的取得招标职业资格的专业人员。取得招标职业资格的具体办法由国务院人力资源社会保障部门会同国务院发展改革部门制定。

第十三条 招标代理机构在其资格许可和招标人委托的范围内开展招标代理业务，任何单位和个人不得非法干涉。

招标代理机构代理招标业务，应当遵守招标投标法和本条例关于招标人的规定。招标代理机构不得在所代理的招标项目中投标或者代理投标，也不得为所代理的招标项目的投标人提供咨询。

招标代理机构不得涂改、出租、出借、转让资格证书。

第十四条 招标人应当与被委托的招标代理机构签订书面委托合同，合同约定的收费标准应当符合国家有关规定。

第十五条 公开招标的项目，应当依照招标投标法和本条例的规定发布招标公告、编制招标文件。

招标人采用资格预审办法对潜在投标人进行资格审查的，应当发布资格预审公告、编制资格预审文件。

依法必须进行招标的项目的资格预审公告和招标公告，应当在国务院发展改革部门依法指定的媒介发布。在不同媒介发布的同一招标项目的资格预审公告或者招标公告的内容应当一致。指定媒介发布依法必须进行招标的项目的境内资格预审公告、招标公告，不得收取费用。

编制依法必须进行招标的项目的资格预审文件和招标文件，应当使用国务院发展改革部门会同有关行政监督部门制定的标准文本。

第十六条 招标人应当按照资格预审公告、招标公告或者投标邀请书规定的时间、地点发售资格预审文件或者招标文件。资格预审文件或者招标文件的发售期不得少于5日。

招标人发售资格预审文件、招标文件收取的费用应当限于补偿印刷、邮寄的成本支出，不得以营利为目的。

第十七条　招标人应当合理确定提交资格预审申请文件的时间。依法必须进行招标的项目提交资格预审申请文件的时间，自资格预审文件停止发售之日起不得少于5日。

第十八条　资格预审应当按照资格预审文件载明的标准和方法进行。

国有资金占控股或者主导地位的依法必须进行招标的项目，招标人应当组建资格审查委员会审查资格预审申请文件。资格审查委员会及其成员应当遵守招标投标法和本条例有关评标委员会及其成员的规定。

第十九条　资格预审结束后，招标人应当及时向资格预审申请人发出资格预审结果通知书。未通过资格预审的申请人不具有投标资格。

通过资格预审的申请人少于3个的，应当重新招标。

第二十条　招标人采用资格后审办法对投标人进行资格审查的，应当在开标后由评标委员会按照招标文件规定的标准和方法对投标人的资格进行审查。

第二十一条　招标人可以对已发出的资格预审文件或者招标文件进行必要的澄清或者修改。澄清或者修改的内容可能影响资格预审申请文件或者投标文件编制的，招标人应当在提交资格预审申请文件截止时间至少3日前，或者投标截止时间至少15日前，以书面形式通知所有获取资格预审文件或者招标文件的潜在投标人；不足3日或者15日的，招标人应当顺延提交资格预审申请文件或者投标文件的截止时间。

第二十二条　潜在投标人或者其他利害关系人对资格预审文件有异议的，应当在提交资格预审申请文件截止时间2日前提出；对招标文件有异议的，应当在投标截止时间10日前提出。招标人应当自收到异议之日起3日内作出答复；作出答复前，应当暂停招标投标活动。

第二十三条　招标人编制的资格预审文件、招标文件的内容违反法律、行政法规的强制性规定，违反公开、公平、公正和诚实信用原则，影响资格预审结果或者潜在投标人投标的，依法必须进行招标的项目的招标人应当在修改资格预审文件或者招标文件后重新招标。

第二十四条　招标人对招标项目划分标段的，应当遵守招标投标法的有关规定，不得利用划分标段限制或者排斥潜在投标人。依法必须进行招标的项目的招标人不得利用划分标段规避招标。

第二十五条　招标人应当在招标文件中载明投标有效期。投标有效期从提交投标文件的截止之日起算。

第二十六条　招标人在招标文件中要求投标人提交投标保证金的，投标保证金不得超过招标项目估算价的2%。投标保证金有效期应当与投标有效期一致。

依法必须进行招标的项目的境内投标单位，以现金或者支票形式提交的投标保证金应当从其基本账户转出。

招标人不得挪用投标保证金。

第二十七条　招标人可以自行决定是否编制标底。一个招标项目只能有一个标底。标底必须保密。

接受委托编制标底的中介机构不得参加受托编制标底项目的投标，也不得为该项目的投标人编制投标文件或者提供咨询。

招标人设有最高投标限价的，应当在招标文件中明确最高投标限价或者最高投标限价的计算方法。招标人不得规定最低投标限价。

第二十八条 招标人不得组织单个或者部分潜在投标人踏勘项目现场。

第二十九条 招标人可以依法对工程以及与工程建设有关的货物、服务全部或者部分实行总承包招标。以暂估价形式包括在总承包范围内的工程、货物、服务属于依法必须进行招标的项目范围且达到国家规定规模标准的，应当依法进行招标。

前款所称暂估价，是指总承包招标时不能确定价格而由招标人在招标文件中暂时估定的工程、货物、服务的金额。

第三十条 对技术复杂或者无法精确拟定技术规格的项目，招标人可以分两阶段进行招标。

第一阶段，投标人按照招标公告或者投标邀请书的要求提交不带报价的技术建议，招标人根据投标人提交的技术建议确定技术标准和要求，编制招标文件。

第二阶段，招标人向在第一阶段提交技术建议的投标人提供招标文件，投标人按照招标文件的要求提交包括最终技术方案和投标报价的投标文件。

招标人要求投标人提交投标保证金的，应当在第二阶段提出。

第三十一条 招标人终止招标的，应当及时发布公告，或者以书面形式通知被邀请的或者已经获取资格预审文件、招标文件的潜在投标人。已经发售资格预审文件、招标文件或者已经收取投标保证金的，招标人应当及时退还所收取的资格预审文件、招标文件的费用，以及所收取的投标保证金及银行同期存款利息。

第三十二条 招标人不得以不合理的条件限制、排斥潜在投标人或者投标人。

招标人有下列行为之一的，属于以不合理条件限制、排斥潜在投标人或者投标人：

（一）就同一招标项目向潜在投标人或者投标人提供有差别的项目信息；

（二）设定的资格、技术、商务条件与招标项目的具体特点和实际需要不相适应或者与合同履行无关；

（三）依法必须进行招标的项目以特定行政区域或者特定行业的业绩、奖项作为加分条件或者中标条件；

（四）对潜在投标人或者投标人采取不同的资格审查或者评标标准；

（五）限定或者指定特定的专利、商标、品牌、原产地或者供应商；

（六）依法必须进行招标的项目非法限定潜在投标人或者投标人的所有制形式或者组织形式；

（七）以其他不合理条件限制、排斥潜在投标人或者投标人。

第三章　投　　标

第三十三条 投标人参加依法必须进行招标的项目的投标，不受地区或者部门的限制，任何单位和个人不得非法干涉。

第三十四条 与招标人存在利害关系可能影响招标公正性的法人、其他组织或者个人，不得参加投标。

单位负责人为同一人或者存在控股、管理关系的不同单位，不得参加同一标段投标或者未划分标段的同一招标项目投标。

违反前两款规定的，相关投标均无效。

第三十五条　投标人撤回已提交的投标文件，应当在投标截止时间前书面通知招标人。招标人已收取投标保证金的，应当自收到投标人书面撤回通知之日起5日内退还。

投标截止后投标人撤销投标文件的，招标人可以不退还投标保证金。

第三十六条　未通过资格预审的申请人提交的投标文件，以及逾期送达或者不按照招标文件要求密封的投标文件，招标人应当拒收。

招标人应当如实记载投标文件的送达时间和密封情况，并存档备查。

第三十七条　招标人应当在资格预审公告、招标公告或者投标邀请书中载明是否接受联合体投标。

招标人接受联合体投标并进行资格预审的，联合体应当在提交资格预审申请文件前组成。资格预审后联合体增减、更换成员的，其投标无效。

联合体各方在同一招标项目中以自己名义单独投标或者参加其他联合体投标的，相关投标均无效。

第三十八条　投标人发生合并、分立、破产等重大变化的，应当及时书面告知招标人。投标人不再具备资格预审文件、招标文件规定的资格条件或者其投标影响招标公正性的，其投标无效。

第三十九条　禁止投标人相互串通投标。

有下列情形之一的，属于投标人相互串通投标：

（一）投标人之间协商投标报价等投标文件的实质性内容；

（二）投标人之间约定中标人；

（三）投标人之间约定部分投标人放弃投标或者中标；

（四）属于同一集团、协会、商会等组织成员的投标人按照该组织要求协同投标；

（五）投标人之间为谋取中标或者排斥特定投标人而采取的其他联合行动。

第四十条　有下列情形之一的，视为投标人相互串通投标：

（一）不同投标人的投标文件由同一单位或者个人编制；

（二）不同投标人委托同一单位或者个人办理投标事宜；

（三）不同投标人的投标文件载明的项目管理成员为同一人；

（四）不同投标人的投标文件异常一致或者投标报价呈规律性差异；

（五）不同投标人的投标文件相互混装；

（六）不同投标人的投标保证金从同一单位或者个人的账户转出。

第四十一条　禁止招标人与投标人串通投标。

有下列情形之一的，属于招标人与投标人串通投标：

（一）招标人在开标前开启投标文件并将有关信息泄露给其他投标人；

（二）招标人直接或者间接向投标人泄露标底、评标委员会成员等信息；

（三）招标人明示或者暗示投标人压低或者抬高投标报价；

（四）招标人授意投标人撤换、修改投标文件；

（五）招标人明示或者暗示投标人为特定投标人中标提供方便；

（六）招标人与投标人为谋求特定投标人中标而采取的其他串通行为。

第四十二条 使用通过受让或者租借等方式获取的资格、资质证书投标的，属于招标投标法第三十三条规定的以他人名义投标。

投标人有下列情形之一的，属于招标投标法第三十三条规定的以其他方式弄虚作假的行为：

（一）使用伪造、变造的许可证件；

（二）提供虚假的财务状况或者业绩；

（三）提供虚假的项目负责人或者主要技术人员简历、劳动关系证明；

（四）提供虚假的信用状况；

（五）其他弄虚作假的行为。

第四十三条 提交资格预审申请文件的申请人应当遵守招标投标法和本条例有关投标人的规定。

第四章 开标、评标和中标

第四十四条 招标人应当按照招标文件规定的时间、地点开标。

投标人少于3个的，不得开标；招标人应当重新招标。

投标人对开标有异议的，应当在开标现场提出，招标人应当当场作出答复，并制作记录。

第四十五条 国家实行统一的评标专家专业分类标准和管理办法。具体标准和办法由国务院发展改革部门会同国务院有关部门制定。

省级人民政府和国务院有关部门应当组建综合评标专家库。

第四十六条 除招标投标法第三十七条第三款规定的特殊招标项目外，依法必须进行招标的项目，其评标委员会的专家成员应当从评标专家库内相关专业的专家名单中以随机抽取方式确定。任何单位和个人不得以明示、暗示等任何方式指定或者变相指定参加评标委员会的专家成员。

依法必须进行招标的项目的招标人非因招标投标法和本条例规定的事由，不得更换依法确定的评标委员会成员。更换评标委员会的专家成员应当依照前款规定进行。

评标委员会成员与投标人有利害关系的，应当主动回避。

有关行政监督部门应当按照规定的职责分工，对评标委员会成员的确定方式、评标专家的抽取和评标活动进行监督。行政监督部门的工作人员不得担任本部门负责监督项目的评标委员会成员。

第四十七条 招标投标法第三十七条第三款所称特殊招标项目，是指技术复杂、专业性强或者国家有特殊要求，采取随机抽取方式确定的专家难以保证胜任评标工作的项目。

第四十八条 招标人应当向评标委员会提供评标所必需的信息，但不得明示或者暗示其倾向或者排斥特定投标人。

招标人应当根据项目规模和技术复杂程度等因素合理确定评标时间。超过三分之一的评标委员会成员认为评标时间不够的，招标人应当适当延长。

评标过程中，评标委员会成员有回避事由、擅离职守或者因健康等原因不能继续评标的，应当及时更换。被更换的评标委员会成员作出的评审结论无效，由更换后的评标委员会成员重新进行评审。

第四十九条　评标委员会成员应当依照招标投标法和本条例的规定，按照招标文件规定的评标标准和方法，客观、公正地对投标文件提出评审意见。招标文件没有规定的评标标准和方法不得作为评标的依据。

评标委员会成员不得私下接触投标人，不得收受投标人给予的财物或者其他好处，不得向招标人征询确定中标人的意向，不得接受任何单位或者个人明示或者暗示提出的倾向或者排斥特定投标人的要求，不得有其他不客观、不公正履行职务的行为。

第五十条　招标项目设有标底的，招标人应当在开标时公布。标底只能作为评标的参考，不得以投标报价是否接近标底作为中标条件，也不得以投标报价超过标底上下浮动范围作为否决投标的条件。

第五十一条　有下列情形之一的，评标委员会应当否决其投标：

（一）投标文件未经投标单位盖章和单位负责人签字；

（二）投标联合体没有提交共同投标协议；

（三）投标人不符合国家或者招标文件规定的资格条件；

（四）同一投标人提交两个以上不同的投标文件或者投标报价，但招标文件要求提交备选投标的除外；

（五）投标报价低于成本或者高于招标文件设定的最高投标限价；

（六）投标文件没有对招标文件的实质性要求和条件作出响应；

（七）投标人有串通投标、弄虚作假、行贿等违法行为。

第五十二条　投标文件中有含义不明确的内容、明显文字或者计算错误，评标委员会认为需要投标人作出必要澄清、说明的，应当书面通知该投标人。投标人的澄清、说明应当采用书面形式，并不得超出投标文件的范围或者改变投标文件的实质性内容。

评标委员会不得暗示或者诱导投标人作出澄清、说明，不得接受投标人主动提出的澄清、说明。

第五十三条　评标完成后，评标委员会应当向招标人提交书面评标报告和中标候选人名单。中标候选人应当不超过3个，并标明排序。

评标报告应当由评标委员会全体成员签字。对评标结果有不同意见的评标委员会成员应当以书面形式说明其不同意见和理由，评标报告应当注明该不同意见。评标委员会成员拒绝在评标报告上签字又不书面说明其不同意见和理由的，视为同意评标结果。

第五十四条　依法必须进行招标的项目，招标人应当自收到评标报告之日起3日内公示中标候选人，公示期不得少于3日。

投标人或者其他利害关系人对依法必须进行招标的项目的评标结果有异议的，应当在中标候选人公示期间提出。招标人应当自收到异议之日起3日内作出答复；作出答复前，应当暂停招标投标活动。

第五十五条　国有资金占控股或者主导地位的依法必须进行招标的项目，招标人应当确定排名第一的中标候选人为中标人。排名第一的中标候选人放弃中标、因不可抗力不能履行合同、不按照招标文件要求提交履约保证金，或者被查实存在影响中标结果的违法行为等情形，不符合中标条件的，招标人可以按照评标委员会提出的中标候选人名单排序依次确定其他中标候选人为中标人，也可以重新招标。

第五十六条　中标候选人的经营、财务状况发生较大变化或者存在违法行为，招标人认为可能影响其履约能力的，应当在发出中标通知书前由原评标委员会按照招标文件规定的标准和方法审查确认。

第五十七条 招标人和中标人应当依照招标投标法和本条例的规定签订书面合同，合同的标的、价款、质量、履行期限等主要条款应当与招标文件和中标人的投标文件的内容一致。招标人和中标人不得再行订立背离合同实质性内容的其他协议。

招标人最迟应当在书面合同签订后5日内向中标人和未中标的投标人退还投标保证金及银行同期存款利息。

第五十八条 招标文件要求中标人提交履约保证金的，中标人应当按照招标文件的要求提交。履约保证金不得超过中标合同金额的10%。

第五十九条 中标人应当按照合同约定履行义务，完成中标项目。中标人不得向他人转让中标项目，也不得将中标项目肢解后分别向他人转让。

中标人按照合同约定或者经招标人同意，可以将中标项目的部分非主体、非关键性工作分包给他人完成。接受分包的人应当具备相应的资格条件，并不得再次分包。

中标人应当就分包项目向招标人负责，接受分包的人就分包项目承担连带责任。

第五章　投诉与处理

第六十条 投标人或者其他利害关系人认为招标投标活动不符合法律、行政法规规定的，可以自知道或者应当知道之日起10日内向有关行政监督部门投诉。投诉应当有明确的请求和必要的证明材料。

就本条例第二十二条、第四十四条、第五十四条规定事项投诉的，应当先向招标人提出异议，异议答复期间不计算在前款规定的期限内。

第六十一条 投诉人就同一事项向两个以上有权受理的行政监督部门投诉的，由最先收到投诉的行政监督部门负责处理。

行政监督部门应当自收到投诉之日起3个工作日内决定是否受理投诉，并自受理投诉之日起30个工作日内作出书面处理决定；需要检验、检测、鉴定、专家评审的，所需时间不计算在内。

投诉人捏造事实、伪造材料或者以非法手段取得证明材料进行投诉的，行政监督部门应当予以驳回。

第六十二条 行政监督部门处理投诉，有权查阅、复制有关文件、资料，调查有关情况，相关单位和人员应当予以配合。必要时，行政监督部门可以责令暂停招标投标活动。

行政监督部门的工作人员对监督检查过程中知悉的国家秘密、商业秘密，应当依法予以保密。

第六章　法律责任

第六十三条 招标人有下列限制或者排斥潜在投标人行为之一的，由有关行政监督部门依照招标投标法第五十一条的规定处罚：

（一）依法应当公开招标的项目不按照规定在指定媒介发布资格预审公告或者招标公告；

（二）在不同媒介发布的同一招标项目的资格预审公告或者招标公告的内容不一致，影响潜在投标人申请资格预审或者投标。

依法必须进行招标的项目的招标人不按照规定发布资格预审公告或者招标公告，构成规避招标的，依照招标投标法第四十九条的规定处罚。

第六十四条　招标人有下列情形之一的，由有关行政监督部门责令改正，可以处10万元以下的罚款：

（一）依法应当公开招标而采用邀请招标；

（二）招标文件、资格预审文件的发售、澄清、修改的时限，或者确定的提交资格预审申请文件、投标文件的时限不符合招标投标法和本条例规定；

（三）接受未通过资格预审的单位或者个人参加投标；

（四）接受应当拒收的投标文件。

招标人有前款第一项、第三项、第四项所列行为之一的，对单位直接负责的主管人员和其他直接责任人员依法给予处分。

第六十五条　招标代理机构在所代理的招标项目中投标、代理投标或者向该项目投标人提供咨询的，接受委托编制标底的中介机构参加受托编制标底项目的投标或者为该项目的投标人编制投标文件、提供咨询的，依照招标投标法第五十条的规定追究法律责任。

第六十六条　招标人超过本条例规定的比例收取投标保证金、履约保证金或者不按照规定退还投标保证金及银行同期存款利息的，由有关行政监督部门责令改正，可以处5万元以下的罚款；给他人造成损失的，依法承担赔偿责任。

第六十七条　投标人相互串通投标或者与招标人串通投标的，投标人向招标人或者评标委员会成员行贿谋取中标的，中标无效；构成犯罪的，依法追究刑事责任；尚不构成犯罪的，依照招标投标法第五十三条的规定处罚。投标人未中标的，对单位的罚款金额按照招标项目合同金额依照招标投标法规定的比例计算。

投标人有下列行为之一的，属于招标投标法第五十三条规定的情节严重行为，由有关行政监督部门取消其1年至2年内参加依法必须进行招标的项目的投标资格：

（一）以行贿谋取中标；

（二）3年内2次以上串通投标；

（三）串通投标行为损害招标人、其他投标人或者国家、集体、公民的合法利益，造成直接经济损失30万元以上；

（四）其他串通投标情节严重的行为。

投标人自本条第二款规定的处罚执行期限届满之日起3年内又有该款所列违法行为之一的，或者串通投标、以行贿谋取中标情节特别严重的，由工商行政管理机关吊销营业执照。

法律、行政法规对串通投标报价行为的处罚另有规定的，从其规定。

第六十八条　投标人以他人名义投标或者以其他方式弄虚作假骗取中标的，中标无效；构成犯罪的，依法追究刑事责任；尚不构成犯罪的，依照招标投标法第五十四条的规定处罚。依法必须进行招标的项目的投标人未中标的，对单位的罚款金额按照招标项目合同金额依照招标投标法规定的比例计算。

投标人有下列行为之一的，属于招标投标法第五十四条规定的情节严重行为，由有关行政监督部门取消其1年至3年内参加依法必须进行招标的项目的投标资格：

（一）伪造、变造资格、资质证书或者其他许可证件骗取中标；

（二）3年内2次以上使用他人名义投标；

（三）弄虚作假骗取中标给招标人造成直接经济损失 30 万元以上；

（四）其他弄虚作假骗取中标情节严重的行为。

投标人自本条第二款规定的处罚执行期限届满之日起 3 年内又有该款所列违法行为之一的，或者弄虚作假骗取中标情节特别严重的，由工商行政管理机关吊销营业执照。

第六十九条 出让或者出租资格、资质证书供他人投标的，依照法律、行政法规的规定给予行政处罚；构成犯罪的，依法追究刑事责任。

第七十条 依法必须进行招标的项目的招标人不按照规定组建评标委员会，或者确定、更换评标委员会成员违反招标投标法和本条例规定的，由有关行政监督部门责令改正，可以处 10 万元以下的罚款，对单位直接负责的主管人员和其他直接责任人员依法给予处分；违法确定或者更换的评标委员会成员作出的评审结论无效，依法重新进行评审。

国家工作人员以任何方式非法干涉选取评标委员会成员的，依照本条例第八十一条的规定追究法律责任。

第七十一条 评标委员会成员有下列行为之一的，由有关行政监督部门责令改正；情节严重的，禁止其在一定期限内参加依法必须进行招标的项目的评标；情节特别严重的，取消其担任评标委员会成员的资格：

（一）应当回避而不回避；

（二）擅离职守；

（三）不按照招标文件规定的评标标准和方法评标；

（四）私下接触投标人；

（五）向招标人征询确定中标人的意向或者接受任何单位或者个人明示或者暗示提出的倾向或者排斥特定投标人的要求；

（六）对依法应当否决的投标不提出否决意见；

（七）暗示或者诱导投标人作出澄清、说明或者接受投标人主动提出的澄清、说明；

（八）其他不客观、不公正履行职务的行为。

第七十二条 评标委员会成员收受投标人的财物或者其他好处的，没收收受的财物，处 3000 元以上 5 万元以下的罚款，取消担任评标委员会成员的资格，不得再参加依法必须进行招标的项目的评标；构成犯罪的，依法追究刑事责任。

第七十三条 依法必须进行招标的项目的招标人有下列情形之一的，由有关行政监督部门责令改正，可以处中标项目金额 10‰以下的罚款；给他人造成损失的，依法承担赔偿责任；对单位直接负责的主管人员和其他直接责任人员依法给予处分：

（一）无正当理由不发出中标通知书；

（二）不按照规定确定中标人；

（三）中标通知书发出后无正当理由改变中标结果；

（四）无正当理由不与中标人订立合同；

（五）在订立合同时向中标人提出附加条件。

第七十四条 中标人无正当理由不与招标人订立合同，在签订合同时向招标人提出附加条件，或者不按照招标文件要求提交履约保证金的，取消其中标资格，投标保证金不予退还。对依法必须进行招标的项目的中标人，由有关行政监督部门责令改正，可以处中标项目金额 10‰以下的罚款。

第七十五条　招标人和中标人不按照招标文件和中标人的投标文件订立合同，合同的主要条款与招标文件、中标人的投标文件的内容不一致，或者招标人、中标人订立背离合同实质性内容的协议的，由有关行政监督部门责令改正，可以处中标项目金额5‰以上10‰以下的罚款。

第七十六条　中标人将中标项目转让给他人的，将中标项目肢解后分别转让给他人的，违反招标投标法和本条例规定将中标项目的部分主体、关键性工作分包给他人的，或者分包人再次分包的，转让、分包无效，处转让、分包项目金额5‰以上10‰以下的罚款；有违法所得的，并处没收违法所得；可以责令停业整顿；情节严重的，由工商行政管理机关吊销营业执照。

第七十七条　投标人或者其他利害关系人捏造事实、伪造材料或者以非法手段取得证明材料进行投诉，给他人造成损失的，依法承担赔偿责任。

招标人不按照规定对异议作出答复，继续进行招标投标活动的，由有关行政监督部门责令改正，拒不改正或者不能改正并影响中标结果的，依照本条例第八十二条的规定处理。

第七十八条　取得招标职业资格的专业人员违反国家有关规定办理招标业务的，责令改正，给予警告；情节严重的，暂停一定期限内从事招标业务；情节特别严重的，取消招标职业资格。

第七十九条　国家建立招标投标信用制度。有关行政监督部门应当依法公告对招标人、招标代理机构、投标人、评标委员会成员等当事人违法行为的行政处理决定。

第八十条　项目审批、核准部门不依法审批、核准项目招标范围、招标方式、招标组织形式的，对单位直接负责的主管人员和其他直接责任人员依法给予处分。

有关行政监督部门不依法履行职责，对违反招标投标法和本条例规定的行为不依法查处，或者不按照规定处理投诉、不依法公告对招标投标当事人违法行为的行政处理决定的，对直接负责的主管人员和其他直接责任人员依法给予处分。

项目审批、核准部门和有关行政监督部门的工作人员徇私舞弊、滥用职权、玩忽职守，构成犯罪的，依法追究刑事责任。

第八十一条　国家工作人员利用职务便利，以直接或者间接、明示或者暗示等任何方式非法干涉招标投标活动，有下列情形之一的，依法给予记过或者记大过处分；情节严重的，依法给予降级或者撤职处分；情节特别严重的，依法给予开除处分；构成犯罪的，依法追究刑事责任：

（一）要求对依法必须进行招标的项目不招标，或者要求对依法应当公开招标的项目不公开招标；

（二）要求评标委员会成员或者招标人以其指定的投标人作为中标候选人或者中标人，或者以其他方式非法干涉评标活动，影响中标结果；

（三）以其他方式非法干涉招标投标活动。

第八十二条　依法必须进行招标的项目的招标投标活动违反招标投标法和本条例的规定，对中标结果造成实质性影响，且不能采取补救措施予以纠正的，招标、投标、中标无效，应当依法重新招标或者评标。

第七章　附　　则

第八十三条　招标投标协会按照依法制定的章程开展活动，加强行业自律和服务。

第八十四条 政府采购的法律、行政法规对政府采购货物、服务的招标投标另有规定的，从其规定。

第八十五条 本条例自2012年2月1日起施行。

附录3 工程建设项目施工招标投标办法（2013年修订）

第一章 总 则

第一条 为规范工程建设项目施工（以下简称工程施工）招标投标活动，根据《中华人民共和国招标投标法》、《中华人民共和国招标投标法实施条例》和国务院有关部门的职责分工，制定本办法。

第二条 在中华人民共和国境内进行工程施工招标投标活动，适用本办法。

第三条 工程建设项目符合《工程建设项目招标范围和规模标准规定》（国家计委令第3号）规定的范围和标准的，必须通过招标选择施工单位。

任何单位和个人不得将依法必须进行招标的项目化整为零或者以其他任何方式规避招标。

第四条 工程施工招标投标活动应当遵循公开、公平、公正和诚实信用的原则。

第五条 工程施工招标投标活动，依法由招标人负责。任何单位和个人不得以任何方式非法干涉工程施工招标投标活动。

施工招标投标活动不受地区或者部门的限制。

第六条 各级发展改革、工业和信息化、住房城乡建设、交通运输、铁道、水利、商务、民航等部门依照《国务院办公厅印发国务院有关部门实施招标投标活动行政监督的职责分工意见的通知》（国办发［2000］34号）和各地规定的职责分工，对工程施工招标投标活动实施监督，依法查处工程施工招标投标活动中的违法行为。

第二章 招 标

第七条 工程施工招标人是依法提出施工招标项目、进行招标的法人或者其他组织。

第八条 依法必须招标的工程建设项目，应当具备下列条件才能进行施工招标：

（一）招标人已经依法成立；

（二）初步设计及概算应当履行审批手续的，已经批准；

（三）有相应资金或资金来源已经落实；

（四）有招标所需的设计图纸及技术资料。

第九条 工程施工招标分为公开招标和邀请招标。

第十条 按照国家有关规定需要履行项目审批、核准手续的依法必须进行施工招标的工程建设项目，其招标范围、招标方式、招标组织形式应当报项目审批部门审批、核准。项目审批、核准部门应当及时将审批、核准确定的招标内容通报有关行政监督部门。

第十一条 依法必须进行公开招标的项目，有下列情形之一的，可以邀请招标：

（一）项目技术复杂或有特殊要求，或者受自然地域环境限制，只有少量潜在投标人可供选择；

（二）涉及国家安全、国家秘密或者抢险救灾，适宜招标但不宜公开招标；

（三）采用公开招标方式的费用占项目合同金额的比例过大。

有前款第二项所列情形，属于本办法第十条规定的项目，由项目审批、核准部门在审批、核准项目时作出认定；其他项目由招标人申请有关行政监督部门作出认定。

全部使用国有资金投资或者国有资金投资占控股或者主导地位的并需要审批的工程建设项目的邀请招标，应当经项目审批部门批准，但项目审批部门只审批立项的，由有关行政监督部门审批。

第十二条　依法必须进行施工招标的工程建设项目有下列情形之一的，可以不进行施工招标：

（一）涉及国家安全、国家秘密、抢险救灾或者属于利用扶贫资金实行以工代赈需要使用农民工等特殊情况，不适宜进行招标；

（二）施工主要技术采用不可替代的专利或者专有技术；

（三）已通过招标方式选定的特许经营项目投资人依法能够自行建设；

（四）采购人依法能够自行建设；

（五）在建工程追加的附属小型工程或者主体加层工程，原中标人仍具备承包能力，并且其他人承担将影响施工或者功能配套要求；

（六）国家规定的其他情形。

第十三条　采用公开招标方式的，招标人应当发布招标公告，邀请不特定的法人或者其他组织投标。依法必须进行施工招标项目的招标公告，应当在国家指定的报刊和信息网络上发布。

采用邀请招标方式的，招标人应当向三家以上具备承担施工招标项目的能力、资信良好的特定的法人或者其他组织发出投标邀请书。

第十四条　招标公告或者投标邀请书应当至少载明下列内容：

（一）招标人的名称和地址；

（二）招标项目的内容、规模、资金来源；

（三）招标项目的实施地点和工期；

（四）获取招标文件或者资格预审文件的地点和时间；

（五）对招标文件或者资格预审文件收取的费用；

（六）对投标人的资质等级的要求。

第十五条　招标人应当按招标公告或者投标邀请书规定的时间、地点出售招标文件或资格预审文件。自招标文件或者资格预审文件出售之日起至停止出售之日止，最短不得少于五日。

招标人可以通过信息网络或者其他媒介发布招标文件，通过信息网络或者其他媒介发布的招标文件与书面招标文件具有同等法律效力，出现不一致时以书面招标文件为准，国家另有规定的除外。

对招标文件或者资格预审文件的收费应当限于补偿印刷、邮寄的成本支出，不得以营利为目的。对于所附的设计文件，招标人可以向投标人酌收押金；对于开标后投标人退还设计文件的，招标人应当向投标人退还押金。

招标文件或者资格预审文件售出后，不予退还。除不可抗力原因外，招标人在发布招标公告、发出投标邀请书后或者售出招标文件或资格预审文件后不得终止招标。

第十六条 招标人可以根据招标项目本身的特点和需要，要求潜在投标人或者投标人提供满足其资格要求的文件，对潜在投标人或者投标人进行资格审查；国家对潜在投标人或者投标人的资格条件有规定的，依照其规定。

第十七条 资格审查分为资格预审和资格后审。

资格预审，是指在投标前对潜在投标人进行的资格审查。

资格后审，是指在开标后对投标人进行的资格审查。

进行资格预审的，一般不再进行资格后审，但招标文件另有规定的除外。

第十八条 采取资格预审的，招标人应当发布资格预审公告。资格预审公告适用本办法第十三条、第十四条有关招标公告的规定。

采取资格预审的，招标人应当在资格预审文件中载明资格预审的条件、标准和方法；采取资格后审的，招标人应当在招标文件中载明对投标人资格要求的条件、标准和方法。

招标人不得改变载明的资格条件或者以没有载明的资格条件对潜在投标人或者投标人进行资格审查。

第十九条 经资格预审后，招标人应当向资格预审合格的潜在投标人发出资格预审合格通知书，告知获取招标文件的时间、地点和方法，并同时向资格预审不合格的潜在投标人告知资格预审结果。资格预审不合格的潜在投标人不得参加投标。

经资格后审不合格的投标人的投标应予否决。

第二十条 资格审查应主要审查潜在投标人或者投标人是否符合下列条件：

（一）具有独立订立合同的权利；

（二）具有履行合同的能力，包括专业、技术资格和能力，资金、设备和其他物质设施状况，管理能力，经验、信誉和相应的从业人员；

（三）没有处于被责令停业，投标资格被取消，财产被接管、冻结，破产状态；

（四）在最近三年内没有骗取中标和严重违约及重大工程质量问题；

（五）国家规定的其他资格条件。

资格审查时，招标人不得以不合理的条件限制、排斥潜在投标人或者投标人，不得对潜在投标人或者投标人实行歧视待遇。任何单位和个人不得以行政手段或者其他不合理方式限制投标人的数量。

第二十一条 招标人符合法律规定的自行招标条件的，可以自行办理招标事宜。任何单位和个人不得强制其委托招标代理机构办理招标事宜。

第二十二条 招标代理机构应当在招标人委托的范围内承担招标事宜。招标代理机构可以在其资格等级范围内承担下列招标事宜：

（一）拟订招标方案，编制和出售招标文件、资格预审文件；

（二）审查投标人资格；

（三）编制标底；

（四）组织投标人踏勘现场；

（五）组织开标、评标，协助招标人定标；

（六）草拟合同；

（七）招标人委托的其他事项。

招标代理机构不得无权代理、越权代理，不得明知委托事项违法而进行代理。

招标代理机构不得在所代理的招标项目中投标或者代理投标，也不得为所代理的招标项目的投标人提供咨询；未经招标人同意，不得转让招标代理业务。

第二十三条　工程招标代理机构与招标人应当签订书面委托合同，并按双方约定的标准收取代理费；国家对收费标准有规定的，依照其规定。

第二十四条　招标人根据施工招标项目的特点和需要编制招标文件。招标文件一般包括下列内容：

（一）招标公告或投标邀请书；

（二）投标人须知；

（三）合同主要条款；

（四）投标文件格式；

（五）采用工程量清单招标的，应当提供工程量清单；

（六）技术条款；

（七）设计图纸；

（八）评标标准和方法；

（九）投标辅助材料。

招标人应当在招标文件中规定实质性要求和条件，并用醒目的方式标明。

第二十五条　招标人可以要求投标人在提交符合招标文件规定要求的投标文件外，提交备选投标方案，但应当在招标文件中作出说明，并提出相应的评审和比较办法。

第二十六条　招标文件规定的各项技术标准应符合国家强制性标准。

招标文件中规定的各项技术标准均不得要求或标明某一特定的专利、商标、名称、设计、原产地或生产供应者，不得含有倾向或者排斥潜在投标人的其他内容。如果必须引用某一生产供应者的技术标准才能准确或清楚地说明拟招标项目的技术标准时，则应当在参照后面加上“或相当于”的字样。

第二十七条　施工招标项目需要划分标段、确定工期的，招标人应当合理划分标段、确定工期，并在招标文件中载明。对工程技术上紧密相连、不可分割的单位工程不得分割标段。

招标人不得以不合理的标段或工期限制或者排斥潜在投标人或者投标人。依法必须进行施工招标的项目的招标人不得利用划分标段规避招标。

第二十八条　招标文件应当明确规定所有评标因素，以及如何将这些因素量化或者据以进行评估。

在评标过程中，不得改变招标文件中规定的评标标准、方法和中标条件。

第二十九条　招标文件应当规定一个适当的投标有效期，以保证招标人有足够的时间完成评标和与中标人签订合同。投标有效期从投标人提交投标文件截止之日起计算。

在原投标有效期结束前，出现特殊情况的，招标人可以书面形式要求所有投标人延长投标有效期。投标人同意延长的，不得要求或被允许修改其投标文件的实质性内容，但应当相应延长其投标保证金的有效期；投标人拒绝延长的，其投标失效，但投标人有权收回其投标保证金。因延长投标有效期造成投标人损失的，招标人应当给予补偿，但因不可抗力需要延长投标有效期的除外。

第三十条 施工招标项目工期较长的，招标文件中可以规定工程造价指数体系、价格调整因素和调整方法。

第三十一条 招标人应当确定投标人编制投标文件所需要的合理时间；但是，依法必须进行招标的项目，自招标文件开始发出之日起至投标人提交投标文件截止之日止，最短不得少于二十日。

第三十二条 招标人根据招标项目的具体情况，可以组织潜在投标人踏勘项目现场，向其介绍工程场地和相关环境的有关情况。潜在投标人依据招标人介绍情况作出的判断和决策，由投标人自行负责。

招标人不得单独或者分别组织任何一个投标人进行现场踏勘。

第三十三条 对于潜在投标人在阅读招标文件和现场踏勘中提出的疑问，招标人可以书面形式或召开投标预备会的方式解答，但需同时将解答以书面方式通知所有购买招标文件的潜在投标人。该解答的内容为招标文件的组成部分。

第三十四条 招标人可根据项目特点决定是否编制标底。编制标底的，标底编制过程和标底在开标前必须保密。

招标项目编制标底的，应根据批准的初步设计、投资概算，依据有关计价办法，参照有关工程定额，结合市场供求状况，综合考虑投资、工期和质量等方面的因素合理确定。

标底由招标人自行编制或委托中介机构编制。一个工程只能编制一个标底。

任何单位和个人不得强制招标人编制或报审标底，或干预其确定标底。

招标项目可以不设标底，进行无标底招标。

招标人设有最高投标限价的，应当在招标文件中明确最高投标限价或者最高投标限价的计算方法。招标人不得规定最低投标限价。

第三章　投　　标

第三十五条 投标人是响应招标、参加投标竞争的法人或者其他组织。招标人的任何不具独立法人资格的附属机构（单位），或者为招标项目的前期准备或者监理工作提供设计、咨询服务的任何法人及其任何附属机构（单位），都无资格参加该招标项目的投标。

第三十六条 投标人应当按照招标文件的要求编制投标文件。投标文件应当对招标文件提出的实质性要求和条件作出响应。

投标文件一般包括下列内容：

（一）投标函；

（二）投标报价；

（三）施工组织设计；

（四）商务和技术偏差表。

投标人根据招标文件载明的项目实际情况，拟在中标后将中标项目的部分非主体、非关键性工作进行分包的，应当在投标文件中载明。

第三十七条 招标人可以在招标文件中要求投标人提交投标保证金。投标保证金除现金外，可以是银行出具的银行保函、保兑支票、银行汇票或现金支票。

投标保证金不得超过项目估算价的百分之二，但最高不得超过八十万元人民币。投标保证金有效期应当与投标有效期一致。

投标人应当按照招标文件要求的方式和金额，将投标保证金随投标文件提交给招标人或其委托的招标代理机构。

依法必须进行施工招标的项目的境内投标单位，以现金或者支票形式提交的投标保证金应当从其基本账户转出。

第三十八条　投标人应当在招标文件要求提交投标文件的截止时间前，将投标文件密封送达投标地点。招标人收到投标文件后，应当向投标人出具标明签收人和签收时间的凭证，在开标前任何单位和个人不得开启投标文件。

在招标文件要求提交投标文件的截止时间后送达的投标文件，招标人应当拒收。

依法必须进行施工招标的项目提交投标文件的投标人少于三个的，招标人在分析招标失败的原因并采取相应措施后，应当依法重新招标。重新招标后投标人仍少于三个的，属于必须审批、核准的工程建设项目，报经原审批部门审批、核准后可以不再进行招标；其他工程建设项目，招标人可自行决定不再进行招标。

第三十九条　投标人在招标文件要求提交投标文件的截止时间前，可以补充、修改、替代或者撤回已提交的投标文件，并书面通知招标人。补充、修改的内容为投标文件的组成部分。

第四十条　在提交投标文件截止时间后到招标文件规定的投标有效期终止之前，投标人不得撤销其投标文件，否则招标人可以不退还其投标保证金。

第四十一条　在开标前，招标人应妥善保管好已接收的投标文件、修改或撤回通知、备选投标方案等投标资料。

第四十二条　两个以上法人或者其他组织可以组成一个联合体，以一个投标人的身份共同投标。

联合体各方签订共同投标协议后，不得再以自己名义单独投标，也不得组成新的联合体或参加其他联合体在同一项目中投标。

第四十三条　招标人接受联合体投标并进行资格预审的，联合体应当在提交资格预审申请文件前组成。资格预审后联合体增减、更换成员的，其投标无效。

第四十四条　联合体各方应当指定牵头人，授权其代表所有联合体成员负责投标和合同实施阶段的主办、协调工作，并应当向招标人提交由所有联合体成员法定代表人签署的授权书。

第四十五条　联合体投标的，应当以联合体各方或者联合体中牵头人的名义提交投标保证金。以联合体中牵头人名义提交的投标保证金，对联合体各成员具有约束力。

第四十六条　下列行为均属投标人串通投标报价：

（一）投标人之间相互约定抬高或压低投标报价；

（二）投标人之间相互约定，在招标项目中分别以高、中、低价位报价；

（三）投标人之间先进行内部竞价，内定中标人，然后再参加投标；

（四）投标人之间其他串通投标报价的行为。

第四十七条　下列行为均属招标人与投标人串通投标：

（一）招标人在开标前开启投标文件并将有关信息泄露给其他投标人，或者授意投标人撤换、修改投标文件；

（二）招标人向投标人泄露标底、评标委员会成员等信息；

（三）招标人明示或者暗示投标人压低或抬高投标报价；

（四）招标人明示或者暗示投标人为特定投标人中标提供方便；

（五）招标人与投标人为谋求特定中标人中标而采取的其他串通行为。

第四十八条 投标人不得以他人名义投标。

前款所称以他人名义投标，指投标人挂靠其他施工单位，或从其他单位通过受让或租借的方式获取资格或资质证书，或者由其他单位及其法定代表人在自己编制的投标文件上加盖印章和签字等行为。

第四章 开标、评标和定标

第四十九条 开标应当在招标文件确定的提交投标文件截止时间的同一时间公开进行；开标地点应当为招标文件中确定的地点。

投标人对开标有异议的，应当在开标现场提出，招标人应当当场作出答复，并制作记录。

第五十条 投标文件有下列情形之一的，招标人应当拒收：

（一）逾期送达；

（二）未按招标文件要求密封。

有下列情形之一的，评标委员会应当否决其投标：

（一）投标文件未经投标单位盖章和单位负责人签字；

（二）投标联合体没有提交共同投标协议；

（三）投标人不符合国家或者招标文件规定的资格条件；

（四）同一投标人提交两个以上不同的投标文件或者投标报价，但招标文件要求提交备选投标的除外；

（五）投标报价低于成本或者高于招标文件设定的最高投标限价；

（六）投标文件没有对招标文件的实质性要求和条件作出响应；

（七）投标人有串通投标、弄虚作假、行贿等违法行为。

第五十一条 评标委员会可以书面方式要求投标人对投标文件中含义不明确、对同类问题表述不一致或者有明显文字和计算错误的内容作必要的澄清、说明或补正。评标委员会不得向投标人提出带有暗示性或诱导性的问题，或向其明确投标文件中的遗漏和错误。

第五十二条 投标文件不响应招标文件的实质性要求和条件的，评标委员会不得允许投标人通过修正或撤销其不符合要求的差异或保留，使之成为具有响应性的投标。

第五十三条 评标委员会在对实质上响应招标文件要求的投标进行报价评估时，除招标文件另有约定外，应当按下述原则进行修正：

（一）用数字表示的数额与用文字表示的数额不一致时，以文字数额为准；

（二）单价与工程量的乘积与总价之间不一致时，以单价为准。若单价有明显的小数点错位，应以总价为准，并修改单价。

按前款规定调整后的报价经投标人确认后产生约束力。

投标文件中没有列入的价格和优惠条件在评标时不予考虑。

第五十四条 对于投标人提交的优越于招标文件中技术标准的备选投标方案所产生的附加收益，不得考虑进评标价中。符合招标文件的基本技术要求且评标价最低或综合评分最高的投标人，其所提交的备选方案方可予以考虑。

第五十五条　招标人设有标底的，标底在评标中应当作为参考，但不得作为评标的唯一依据。

第五十六条　评标委员会完成评标后，应向招标人提出书面评标报告。评标报告由评标委员会全体成员签字。

依法必须进行招标的项目，招标人应当自收到评标报告之日起三日内公示中标候选人，公示期不得少于三日。

中标通知书由招标人发出。

第五十七条　评标委员会推荐的中标候选人应当限定在一至三人，并标明排列顺序。招标人应当接受评标委员会推荐的中标候选人，不得在评标委员会推荐的中标候选人之外确定中标人。

第五十八条　国有资金占控股或者主导地位的依法必须进行招标的项目，招标人应当确定排名第一的中标候选人为中标人。排名第一的中标候选人放弃中标、因不可抗力提出不能履行合同、不按照招标文件的要求提交履约保证金，或者被查实存在影响中标结果的违法行为等情形，不符合中标条件的，招标人可以按照评标委员会提出的中标候选人名单排序依次确定其他中标候选人为中标人。依次确定其他中标候选人与招标人预期差距较大，或者对招标人明显不利的，招标人可以重新招标。

招标人可以授权评标委员会直接确定中标人。

国务院对中标人的确定另有规定的，从其规定。

第五十九条　招标人不得向中标人提出压低报价、增加工作量、缩短工期或其他违背中标人意愿的要求，以此作为发出中标通知书和签订合同的条件。

第六十条　中标通知书对招标人和中标人具有法律效力。中标通知书发出后，招标人改变中标结果的，或者中标人放弃中标项目的，应当依法承担法律责任。

第六十一条　招标人全部或者部分使用非中标单位投标文件中的技术成果或技术方案时，需征得其书面同意，并给予一定的经济补偿。

第六十二条　招标人和中标人应当在投标有效期内并在自中标通知书发出之日起三十日内，按照招标文件和中标人的投标文件订立书面合同。招标人和中标人不得再行订立背离合同实质性内容的其他协议。

招标人要求中标人提供履约保证金或其他形式履约担保的，招标人应当同时向中标人提供工程款支付担保。

招标人不得擅自提高履约保证金，不得强制要求中标人垫付中标项目建设资金。

第六十三条　招招标人最迟应当在与中标人签订合同后五日内，向中标人和未中标的投标人退还投标保证金及银行同期存款利息。

第六十四条　合同中确定的建设规模、建设标准、建设内容、合同价格应当控制在批准的初步设计及概算文件范围内；确需超出规定范围的，应当在中标合同签订前，报原项目审批部门审查同意。凡应报经审查而未报的，在初步设计及概算调整时，原项目审批部门一律不予承认。

第六十五条　依法必须进行施工招标的项目，招标人应当自发出中标通知书之日起十五日内，向有关行政监督部门提交招标投标情况的书面报告。

前款所称书面报告至少应包括下列内容：

（一）招标范围；

（二）招标方式和发布招标公告的媒介；

（三）招标文件中投标人须知、技术条款、评标标准和方法、合同主要条款等内容；

（四）评标委员会的组成和评标报告；

（五）中标结果。

第六十六条 招标人不得直接指定分包人。

第六十七条 对于不具备分包条件或者不符合分包规定的，招标人有权在签订合同或者中标人提出分包要求时予以拒绝。发现中标人转包或违法分包时，可要求其改正；拒不改正的，可终止合同，并报请有关行政监督部门查处。

监理人员和有关行政部门发现中标人违反合同约定进行转包或违法分包的，应当要求中标人改正，或者告知招标人要求其改正；对于拒不改正的，应当报请有关行政监督部门查处。

第五章 法律责任

第六十八条 依法必须进行招标的项目而不招标的，将必须进行招标的项目化整为零或者以其他任何方式规避招标的，有关行政监督部门责令限期改正，可以处项目合同金额千分之五以上千分之十以下的罚款；对全部或者部分使用国有资金的项目，项目审批部门可以暂停项目执行或者暂停资金拨付；对单位直接负责的主管人员和其他直接责任人员依法给予处分。

第六十九条 招标代理机构违法泄露应当保密的与招标投标活动有关的情况和资料的，或者与招标人、投标人串通损害国家利益、社会公共利益或者他人合法权益的，由有关行政监督部门处五万元以上二十五万元以下罚款，对单位直接负责的主管人员和其他直接责任人员处单位罚款数额百分之五以上百分之十以下罚款；有违法所得的，并处没收违法所得；情节严重的，有关行政监督部门可停止其一定时期内参与相关领域的招标代理业务，资格认定部门可暂停直至取消招标代理资格；构成犯罪的，由司法部门依法追究刑事责任。给他人造成损失的，依法承担赔偿责任。

前款所列行为影响中标结果，并且中标人为前款所列行为的受益人的，中标无效。

第七十条 招标人以不合理的条件限制或者排斥潜在投标人的，对潜在投标人实行歧视待遇的，强制要求投标人组成联合体共同投标的，或者限制投标人之间竞争的，有关行政监督部门责令改正，可处一万元以上五万元以下罚款。

第七十一条 依法必须进行招标项目的招标人向他人透露已获取招标文件的潜在投标人的名称、数量或者可能影响公平竞争的有关招标投标的其他情况的，或者泄露标底的，有关行政监督部门给予警告，可以并处一万元以上十万元以下的罚款；对单位直接负责的主管人员和其他直接责任人员依法给予处分；构成犯罪的，依法追究刑事责任。

前款所列行为影响中标结果的，中标无效。

第七十二条 招标人在发布招标公告、发出投标邀请书或者售出招标文件或资格预审文件后终止招标的，应当及时退还所收取的资格预审文件、招标文件的费用，以及所收取的投标保证金及银行同期存款利息。给潜在投标人或者投标人造成损失的，应当赔偿损失。

第七十三条　招标人有下列限制或者排斥潜在投标人行为之一的，由有关行政监督部门依照招标投标法第五十一条的规定处罚；其中，构成依法必须进行施工招标的项目的招标人规避招标的，依照招标投标法第四十九条的规定处罚。

招标人有前款第一项、第三项、第四项所列行为之一的，对单位直接负责的主管人员和其他直接责任人员依法给予处分。

（一）依法应当公开招标的项目不按照规定在指定媒介发布资格预审公告或者招标公告；

（二）在不同媒介发布的同一招标项目的资格预审公告或者招标公告的内容不一致，影响潜在投标人申请资格预审或者投标。

招标人有下列情形之一的，由有关行政监督部门责令改正，可以处10万元以下的罚款：

（一）依法应当公开招标而采用邀请招标；

（二）招标文件、资格预审文件的发售、澄清、修改的时限，或者确定的提交资格预审申请文件、投标文件的时限不符合招标投标法和招标投标法实施条例规定；

（三）接受未通过资格预审的单位或者个人参加投标；

（四）接受应当拒收的投标文件。

第七十四条　投标人相互串通投标或者与招标人串通投标的，投标人以向招标人或者评标委员会成员行贿的手段谋取中标的，中标无效，由有关行政监督部门处中标项目金额千分之五以上千分之十以下的罚款，对单位直接负责的主管人员和其他直接责任人员处单位罚款数额百分之五以上百分之十以下的罚款；有违法所得的，并处没收违法所得；情节严重的，取消其一至二年的投标资格，并予以公告，直至由工商行政管理机关吊销营业执照；构成犯罪的，依法追究刑事责任。给他人造成损失的，依法承担赔偿责任。投标人未中标的，对单位的罚款金额按照招标项目合同金额依照招标投标法规定的比例计算。

第七十五条　投标人以他人名义投标或者以其他方式弄虚作假，骗取中标的，中标无效，给招标人造成损失的，依法承担赔偿责任；构成犯罪的，依法追究刑事责任。

依法必须进行招标项目的投标人有前款所列行为尚未构成犯罪的，有关行政监督部门处中标项目金额千分之五以上千分之十以下的罚款，对单位直接负责的主管人员和其他直接责任人员处单位罚款数额百分之五以上百分之十以下的罚款；有违法所得的，并处没收违法所得；情节严重的，取消其一至三年投标资格，并予以公告，直至由工商行政管理机关吊销营业执照。投标人未中标的，对单位的罚款金额按照招标项目合同金额依照招标投标法规定的比例计算。

第七十六条　依法必须进行招标的项目，招标人违法与投标人就投标价格、投标方案等实质性内容进行谈判的，有关行政监督部门给予警告，对单位直接负责的主管人员和其他直接责任人员依法给予处分。

前款所列行为影响中标结果的，中标无效。

第七十七条　评标委员会成员收受投标人的财物或者其他好处的，没收收受的财物，可以并处三千元以上五万元以下的罚款，取消担任评标委员会成员的资格并予以公告，不得再参加依法必须进行招标的项目的评标；构成犯罪的，依法追究刑事责任。

第七十八条　评标委员会成员应当回避而不回避，擅离职守，不按照招标文件规定的评标标准和方法评标，私下接触投标人，向招标人征询确定中标人的意向或者接受任何单位或者个人明示或者暗示提出的倾向或者排斥特定投标人的要求，对依法应当否决的投标不提出否决意见，暗示或者诱导投标人作出澄清、说明或者接受投标人主动提出的澄清、说明，或者有其他不能客观公正地履行职责行为的，有关行政监督部门责令改正；情节严重的，禁止其在一定期限内参加依法必须进行招标的项目的评标；情节特别严重的，取消其担任评标委员会成员的资格。

第七十九条 依法必须进行招标的项目的招标人不按照规定组建评标委员会，或者确定、更换评标委员会成员违反招标投标法和招标投标法实施条例规定的，由有关行政监督部门责令改正，可以处10万元以下的罚款，对单位直接负责的主管人员和其他直接责任人员依法给予处分；违法确定或者更换的评标委员会成员作出的评审决定无效，依法重新进行评审。

第八十条 依法必须进行招标的项目的招标人有下列情形之一的，由有关行政监督部门责令改正，可以处中标项目金额千分之十以下的罚款；给他人造成损失的，依法承担赔偿责任；对单位直接负责的主管人员和其他直接责任人员依法给予处分：

（一）无正当理由不发出中标通知书；

（二）不按照规定确定中标人；

（三）中标通知书发出后无正当理由改变中标结果；

（四）无正当理由不与中标人订立合同；

（五）在订立合同时向中标人提出附加条件。

第八十一条 中标通知书发出后，中标人放弃中标项目的，无正当理由不与招标人签订合同的，在签订合同时向招标人提出附加条件或者更改合同实质性内容的，或者拒不提交所要求的履约保证金的，取消其中标资格，投标保证金不予退还；给招标人的损失超过投标保证金数额的，中标人应当对超过部分予以赔偿；没有提交投标保证金的，应当对招标人的损失承担赔偿责任。对依法必须进行施工招标的项目的中标人，由有关行政监督部门责令改正，可以处中标金额千分之十以下罚款。

第八十二条 中标人将中标项目转让给他人的，将中标项目肢解后分别转让给他人的，违法将中标项目的部分主体、关键性工作分包给他人的，或者分包人再次分包的，转让、分包无效，有关行政监督部门处转让、分包项目金额千分之五以上千分之十以下的罚款；有违法所得的，并处没收违法所得；可以责令停业整顿；情节严重的，由工商行政管理机关吊销营业执照。

第八十三条 招标人与中标人不按照招标文件和中标人的投标文件订立合同的，合同的主要条款与招标文件、中标人的投标文件的内容不一致，或者招标人、中标人订立背离合同实质性内容的协议的，有关行政监督部门责令改正；可以处中标项目金额千分之五以上千分之十以下的罚款。

第八十四条 中标人不履行与招标人订立的合同的，履约保证金不予退还，给招标人造成的损失超过履约保证金数额的，还应当对超过部分予以赔偿；没有提交履约保证金的，应当对招标人的损失承担赔偿责任。

中标人不按照与招标人订立的合同履行义务，情节严重的，有关行政监督部门取消其二至五年参加招标项目的投标资格并予以公告，直至由工商行政管理机关吊销营业执照。

因不可抗力不能履行合同的，不适用前两款规定。

第八十五条 招标人不履行与中标人订立的合同的，应当返还中标人的履约保证金，并承担相应的赔偿责任；没有提交履约保证金的，应当对中标人的损失承担赔偿责任。

因不可抗力不能履行合同的，不适用前款规定。

第八十六条　依法必须进行施工招标的项目违反法律规定，中标无效的，应当依照法律规定的中标条件从其余投标人中重新确定中标人或者依法重新进行招标。

中标无效的，发出的中标通知书和签订的合同自始没有法律约束力，但不影响合同中独立存在的有关解决争议方法的条款的效力。

第八十七条　任何单位违法限制或者排斥本地区、本系统以外的法人或者其他组织参加投标的，为招标人指定招标代理机构的，强制招标人委托招标代理机构办理招标事宜的，或者以其他方式干涉招标投标活动的，有关行政监督部门责令改正；对单位直接负责的主管人员和其他直接责任人员依法给予警告、记过、记大过的处分，情节较重的，依法给予降级、撤职、开除的处分。

个人利用职权进行前款违法行为的，依照前款规定追究责任。

第八十八条　对招标投标活动依法负有行政监督职责的国家机关工作人员徇私舞弊、滥用职权或者玩忽职守，构成犯罪的，依法追究刑事责任；不构成犯罪的，依法给予行政处分。

第八十九条　投标人或者其他利害关系人认为工程建设项目施工招标投标活动不符合国家规定的，可以自知道或者应当知道之日起10日内向有关行政监督部门投诉。投诉应当有明确的请求和必要的证明材料。

第六章　附　　则

第九十条　使用国际组织或者外国政府贷款、援助资金的项目进行招标，贷款方、资金提供方对工程施工招标投标活动的条件和程序有不同规定的，可以适用其规定，但违背中华人民共和国社会公共利益的除外。

第九十一条　本办法由国家发展改革委会同有关部门负责解释。

第九十二条　本办法自2003年5月1日起施行。

参考文献

柯洪 . 2014. 建设工程计价［M］. 修订版 . 北京：中国计划出版社 .

李国庆 . 2009. 园林工程预决算［M］. 北京：中国电力出版社 .

山西省工程建设标准定额站 . 2011. 山西省建设工程计价依据——园林绿化工程预算定额［S］. 太原：山西科学技术出版社 .

山西省工程建设标准定额站 . 2011. 山西省建设工程计价依据——建设工程费用定额［S］. 太原：山西科学技术出版社 .

吴立威 . 2012. 园林工程招投标与预决算［M］. 2 版 . 北京：高等教育出版社 .

吴立威 . 2013. 园林工程招投标与预决算［M］. 北京：科学出版社 .

杨勇 . 2015. 工程招投标理论与综合实测［M］. 北京：化学工业出版社 .

中华人民共和国住房和城乡建设部 . 2013. GB 50500—2013　中华人民共和国国家标准——建设工程工程量清单计价规范［S］. 北京：中国计划出版社 .

中华人民共和国住房和城乡建设部 . 2013. GB 50585—2013 中华人民共和国国家标准——园林绿化工程工程量计算规范［S］. 北京：中国计划出版社 .